| 국가직무능력표준(NCS)에 따른 |

일류 셰프의 중식조리

김영신 · 김진영 · 오승우 공저

光文閣
www.kwangmoonkag.co.kr

머 리 말

이 책을 통해 조리를 시작하는 학생들이 보다 쉽게 중국요리에 대하여 익히고 중국음식 문화를 깊이 있게 이해했으면 하는 바람이다.

이 책은 마인드맵처럼 중국요리에 대하여 마음속에 지도를 그려볼 수 있도록 구성해 쉽게 중국요리를 할 수 있도록 하였다.

이 책은 중식조리기능사 실기시험 문제와 호텔 중식요리로 구성되어 있다. 중식조리기능사 실기는 마인드맵으로 왼쪽 페이지에는 요리과정을 이미지로 구성되었고, 오른쪽 페이지에는 조리 과정에 대하여 마인드맵 형식으로 정리하여 조리 과정을 마음속 지도로 그려볼 수 있도록 하였다. 조리 과정에 대한 설명은 주방 도구와 재료에 대한 준비 작업을 자세히 기술하였고, 조리 방법에는 채소, 육류, 소스 조리 방법에 대하여 따로따로 설명하여 중국요리가 쉽게 이해되도록 하였다.

호텔 중식요리는 총 26가지로 중식조리기능사에 대하여 학습한 후 응용할 수 있도록 고급 중식요리를 마인드맵 형식으로 정리하였다.

이 책의 목적은 쉽게 배우고 쉽게 이해시킬 수 있으며 요리를 쉽게 할 수 있도록 하고자 하였다. 이 책을 통해 조리를 배우는 학생들이 중식조리에 대하여 쉽게 익히고 중국요리를 마음속의 지도를 그려가며 조리할 수 있었으면 한다.

또한, 이 책이 완성될 수 있도록 많은 도움을 준 부천대학교 호텔외식조리과 최기석 · 김동훈 · 고태웅 · 권소람과 임페리얼 팰리스 호텔 왕성철 총주방장님, 그리고 이 책을 출판해 주신 광문각출판사 박정태 사장님과 임직원분들께 감사드린다.

CONTENTS

part ❸

호텔조리

1

중식조리 기능사 이론

Ⅰ. The Basic of Chinese Plating

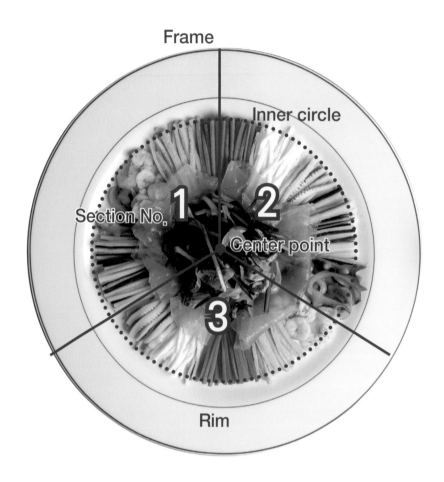

Frame

Inner circle

Section No. 1 2

Center point

3

Rim

1. Frame → 중식 접시를 구성하는 한 부분으로 접시의 안정감을 주는 틀

2. Rim → 중식 접시의 일부분으로 접시 안쪽에 국물 등이 흘러 넘치지 않도록 움푹 들어간 부분

3. Campus → 중식 접시 중 평평한 부분으로 음식을 예쁘게 담아내는 곳

4. Center point → 중식 접시 가운데 부분으로 이곳을 중심으로 음식을 균형 있게 담아내야
   안정감이 있다.

5. Inner circle → Rim에서 1~2cm 안쪽으로 임의의 원형을 그려 놓고 그 안쪽에 음식을 담는 곳

6. Section No.1 → 중식 접시 정중앙을 중심으로 8시에서 12시 사이 구역이다.

7. Section No.2 → 중식 접시 정중앙을 중심으로 12시에서 4시 사이 구역이다.

8. Section No.3 → 중식 접시 정중앙을 중심으로 4시에서 8시 사이 구역이다.

Ⅱ. Map for Success by chinese chef

'전문적인 중식 조리사가 목표라면 무엇을 어떻게 준비하면 성공할 수 있을까?'를 고심하다 만든 한눈에 전체를 볼 수 있는 Map of Cooking이다. 중식 조리 전문가로 성공하기 바란다면 기술적인 부분과 조리 지식에 대한 기본을 갖추어야 한다. 지금은 학문과 학문이 융합되어 새로운 창조를 하는 시대이다. 음식도 이러한 지식 위에 조리하는 실습 과정을 거쳐야만 글로벌화 시대에 추구하는 가치 있는 음식이 되는 것이다. 또한, 열정을 갖고 건강을 생각하는 중식요리를 만들고자 하는 진정한 노력과 마음을 갖고 임할 수 있어야 성공한 삶을 살 수 있다.

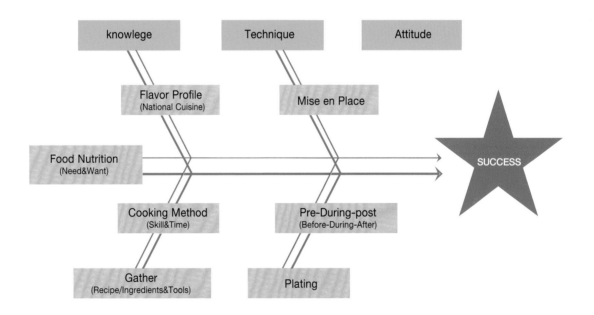

Map for Success 용어 설명

Flavor profile
중국의 음식과 식재료에 대한 속성과 특징에 대한 지식을 안다.

Food nutrition
고객이 필요로 하는 것과 원하는 욕구에 대하여 영양학적으로 컨설팅할 수 있도록 식품과 영양에 대하여 전문적인 지식이 있어야 한다.

Cooking method
중식조리 방법에 대하여 이해하고 적절히 사용할 수 있어야 한다.

Gather
중국어 및 영어를 알고 중국어나 영어로 구성된 인터넷이나 참고 서적에 있는 레시피를 통해 글로벌 지식과 기술을 습득할 수 있어야 한다.

Mise en place
주방의 위생과 안전을 지키기 위한 주방 정리 및 영업에 필요한 식재료 정리, 기물 정리 등을 기술적으로 해낼 수 있는 직무 능력이다.

Flavor development
음식은 조리 준비 단계 → 조리 → 조리 후의 단계로 진행되며 이러한 일련의 단계는 음식의 맛과 향, 영양을 향상시키는 단계이며 각 조리 단계마다 수많은 적절한 선택 과정을 인지한다면 수준 높은 중식조리 전문가의 실력을 갖추게 된다.

Plating
음식은 맛과 멋스러움이 있어야 고객에게 감동을 줄 수 있다. 요리가 예술이라고 표현하는 것은 예술가처럼 접시에 식재료로 만든 작품을 멋스럽게 담아내기 때문이다.

Success
중식 분야에서 누구나 인정받는 성공한 조리 전문가가 될 수 있다.

Ⅲ. 중식조리기능사 실기시험 안내

1. 응시자격 기준

응시자격에 제한 없음

2. 검정 방법

필기시험 후 합격자에 한하여 실기시험 응시

3. 검정 시행 형태 및 합격결정 기준

계열	자격 등급	필기시험	실기시험
기능계	기능사	객관식 4지 택일형 100점 만점의 60점 이상	작업형 100점 만점에 60점 이상

4. 실기시험 진행 방법

1) 1차 필기시험에서 합격한 수험생은 2차 실기시험에 대하여 2년간 연속하여 응시할 수 있다.
2) 실기시험의 일시와 장소는 실기시험 5일 전에 해당 지방사무소에 게시 공고된다.
3) 수험자는 자신의 수검번호와 시험 날짜 및 시간, 장소를 정확히 확인하여 지정된 시험 시간 30분 전에 시험장에 도착하여 수험자 대기실에서 대기한다.
4) 출석을 확인한 후 비번호(등번호)를 배정받고 대기실에서 실기시험 장내로 이동한다.
5) 각자의 등번호와 같은 조리대를 찾아 개인 준비물을 꺼내 놓고 정돈하며 본부요원의 지시에 따라 시험 볼 주재료와 양념류를 확인하고 조리기구를 점검한다.
6) 지급 재료 목록표와 본인이 지급받은 재료를 비교하여 차이가 없는지 확인하여 차이가 있으면 감독위원에게 알려 시험이 시작되기 전에 조치를 받도록 한다.
7) 시험 시작을 알리면 음식 만들기에 들어간다.
8) 수험자 요구사항을 충분히 숙지하여 정해진 시간 내에 지정된 조리 작품 2가지를 만들어 등번호표와 함께 제출하고 이어서 청소 및 정돈을 한다.
9) 익혀야 할 음식을 익히지 않았거나 태웠을 경우, 요구사항에 나와 있는 작품의 개수보다 부족할 경우 또는 연장 시간을 사용할 경우 채점 대상에서 제외된다. 합격선은 60점 이상이다.

5. 시험장에서의 주의사항

1) 검정시험은 지정된 것을 사용하여야 하며 재료를 시험장 내에 지참할 수 없다.
2) 시험장 내에서는 정숙하여야 한다.
3) 지정된 장소를 이탈할 경우 감독위원의 사전 승인을 받아야 한다.
4) 조리기구 중 가스 및 칼 등을 사용할 때에는 안전에 유념하여야 한다.
5) 가스레인지 화구 2개 이상 사용한 경우에는 채점 대상에서 제외된다.
6) 지급 재료는 1회에 한하여 지급되며 재지급은 하지 않는다. 다만, 검정시행 전 수험자가 사전에 지급된 재료를 검수하여 불량 재료 또는 지급량이 부족하다고 판단될 경우에는 즉시 감독위원에게 통보하여 교환 또는 추가 지급받도록 한다.
7) 지급된 재료는 1인분의 양이므로 주재료 전부를 사용하여 조리하여야 한다.
8) 감독위원이 요구하는 작품이 두 가지인 경우도 두 가지 요리를 모두 선택 분야별로 지정되어 있는 표준 시간 내에 완성하여야 한다.
9) 요구 작품이 두 가지인데 한 가지 작품만 만들었을 경우에는 미완성으로 채점 대상에서 제외된다.
10) 불을 사용하여 만든 조리 작품이 익지 않을 경우에는 미완성으로 채점 대상에서 제외된다.
11) 검정이 완료되면 작품을 감독위원이 지시하는 장소에 신속히 제출하여야 한다.
12) 작품을 제출한 다음 본인이 조리한 장소와 주변 등을 깨끗이 청소하고 조리기구 등은 정리 정돈 후 감독위원의 지시에 따라 시험실에서 퇴장한다.

6. 실기시험 시 수험자 지참 도구 (한국산업인력공단 기준)

번호	재료명	규격	수량	비고
1	가위	조리용	1EA	시험장에도 준비되어 있음
2	계량스푼	사이즈별	1SET	
3	계량컵	200ml	1EA	
4	공기	소	1EA	
5	국대접	소	1EA	
6	냄비	조리용	1EA	
7	랩, 호일	조리용	1EA	위생복장을 제대로 갖추지 않을 경우 감점처리 됨
8	소창 또는 면보	30×30cm	1장	
9	쇠조리(혹은 채)	조리용	1EA	
10	숟가락	스테인레스	1EA	
11	앞치마	백색(남, 녀 공용)	1EA	

12	위생모 또는 머리수건	백색	1EA	위생복장을 제대로 갖추지 않을 경우 감점처리 됨
13	위생복	상의-백색, 하의-긴바지(색상무관)	1벌	
14	위생타올	면	1매	
15	젓가락	나무젓가락 또는 쇠젓가락	1EA	
16	종이컵	-	1EA	
17	칼	조리용칼, 칼집포함	1EA	
18	프라이팬	소형	1EA	

※ 지참준비물 수량은 최소 필요 수량으로 수험자가 필요 시 추가지참 가능

7. 평가 항목 배점 기준

항목	세부사항	내용	배점
위생	위생복 착용 및 개인 위생	위생복 착용, 두발, 손톱 등 위생 상태	3
조리 과정	조리 순서 및 재료, 기구 등 취급 상태	조리 순서, 재료, 기구의 취급 상태와 숙련 정도	4
정리 정돈	정리 정돈 및 청소	조리대, 기구 주위의 청소 상태	3
작품 A, B	조리 기술과 방법, 작품 평가	조리 기술의 숙련도	30
		맛, 색, 모양, 그릇에 담기	15
	조리 기술과 방법, 작품 평가	조리 기술의 숙련도	30
		맛, 색, 모양, 그릇에 담기	15

8. 등록 안내

1) 합격자 발표

인터넷 : http://www.hrdkorea.or.kr(안내 기간 7일)

2) 등록에 필요한 준비물 : 수험표, 증명사진 1매, 수수료, 주민등록증

3) 재교부 : 자격수첩 분실자 및 훼손자에 대하여 자격수첩을 재교부하는 것을 말하며 재교부 신청 시는 발급받은 사무소에 신청하면 당일 교부되며, 타 지방사무소에 신청하면 등록사항 조회기간만큼 지연된다.

Ⅳ. 식품의 계량 및 온도 계산법

식품의 계량 방법 중 고체는 중량으로 하며 분상이나 액상은 부피를 측정하는 것이 정확한 계량 측정이라 할 수 있다. 중량을 측정할 때는 저울을 사용하며 부피는 계량컵과 계량스푼을 사용한다. 조리사는 계량법을 정확히 알고 조리를 해야 맛을 일정하게 낼 수 있으므로 평상시 계량컵과 계량스푼을 사용하는 습관을 길러야 한다.

1. 계량 도구

계량 도구는 다음과 같이 저울, 계량컵, 계량스푼 등이 있다.

- 자동저울 : 중량을 측정하고 g, kg으로 표시한다.
- 계량컵 : 부피를 측정하고, 200ml를 기본 단위로 표시한다.
- 계량스푼 : 양념류의 부피를 측정하고, Ts(Table spoon), Ts(tea spoon)로 표시한다.
- 온도계 : 음식의 온도 또는 기름의 온도를 측정할 때 사용된다.

2. 올바른 계량 방법

일정한 맛을 유지하기 위해서는 재료를 정확하게 측정하는 계량 도구를 사용하는 것이 습관화 되어야 한다. 주방에서 사용할 수 있는 대표적인 계량 도구는 저울, 계량컵, 계량스푼 등이 있다. 저울을 사용할 때는 바늘은 '0'에 고정시키고 눈금을 정면에서 읽는다. 밀가루, 전분, 소금, 백설탕 등의 가루로 된 재료는 체에 친 다음 계량 도구의 윗면이 수평이 되도록 깎아서 측정한다. 주의할 점은 가루는 꼭꼭 눌러 담지 않도록 한다. 쌀, 콩 등의 곡류는 컵에 가득 담고 살짝 흔든 후 윗면이 수평이 되도록 해서 측정한다. 흑설탕이나 버터, 마가린, 된장, 고추장 등의 수분 함량이 많은 식품은 계량 도구에 눌러 담아 빈곳이 없도록 채워서 수평이 되도록 한 후 사용한다.

3. 계량 단위

- 1cup = 200ml(200cc) = 13/13 Table spoon(Korea)
- 1cup = 240ml(240cc) = 16 Table spoon(USA)
- 1Table spoon = 1Ts = 15cc
- 1tea spoon = 1Ts = 5cc
- 1Table spoon = 3tea spoon(계량스푼 기준)

식재료	1Table spoon = 3tea spoon	
	1Table spoon	1tea spoon
물	15g	5g
식초	15g	5g
밀가루	8g	3g
기름 = 버터	13g	4g
소금	12g	3.5g
설탕	11.5g	3.5g

4. 섭씨와 화씨온도의 관계

- 화씨를 섭씨로 고치는 공식 : ℃ = 5/9℉ - 32
- 섭씨를 화씨로 고치는 공식 : ℉ = 9/5℃ + 32

Ⅴ. 국가 직무능력표준(NCS)의 개요

1.NCS 개념

국가직무능력표준(NCS: National Competency Standards)은 산업 현장에서 직무를 수행하기 위해 요구되는 지식.기술.소양 등의 내용을 국가가 산업별 .수준별로 체계화한 것으로 산업 현장의 직무를 성공적으로 수행하기 위해 필요한 능력(지식,기술 태도)을 국가적 차원에서 표준화한 것을 의미한다(자격기본법 제2조 2항)

2. NCS 분류체계

1) 국가직무능력표준의 분류체계는 직무의 유형을 중심으로 국가직무능력표준의 단계적 구성을 나타내는 것으로 국가직무능력표준 개발의 전체적인 로드맵을 제시한 것이다
2) NCS는 한국고용직업분류(KECO: Korean Employment Classification of Occupation)를 중심으로 한국표준직업분류. 한국표준산업분류 등을 참고하여 분류하였으며 2015년 기준으로 대분류(24)-중분류(80)-소분류(237)-세분류(880)의 순으로 구성된다

3. NCS구성

1) 직무는 국가 직무능력표준 분류체계의 세분류를 의미하고 원칙상 세분류 단위에서 표준이 개발된다
2) 능력당위는 국가직무능력표준 분류체계의 하위단위로서 국가직무능력표준의 기본 구성요소에 해당된다

중분류	소분류	세분류
01. 식음료조리 · 서비스	01. 음식조리	01. 한식조리
	02. 식음료 서비스	02. 양식조리
	03. 외식경영	03. 중식조리
		04. 일식 · 복어조리

【NCS 능력단위 구성】

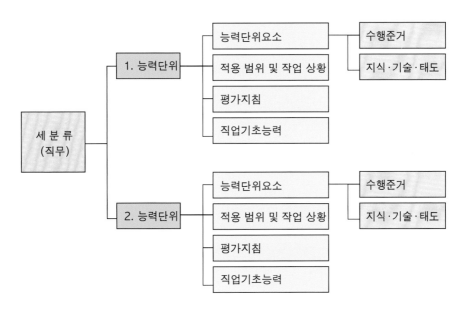

3) NCS 능력단위 코드, 능력단위요소, 수행준거, 지식, 기술, 태도, 적용 범위 및 작업
   상황, 평가 지침, 작업 기초 능력으로 구성된다

구성항목	내용
능력단위 분류번호	• 능력단위를 구분하기 위하여 부여되는 일련의 번호로서 12자리로 표현
능력단위 명칭	• 능력단위 명칭을 기입한 것
능력단위 정의	• 능력단위의 목적, 업무수행 및 활용 범위를 개략적으로 기술
능력단위요소	• 능력단위를 구성하는 중요한 핵심 하위 능력을 기술
수행준거	• 능력단위요소별로 성취여부를 판단하기 위하여 개인이 도달해야하 는 수행의 기준을 제시
지식, 태도, 기술	• 능력단위요소를 수행하는데 필요한 지식,기술,태도
적용 범위 및 작업 상황	• 능력단위를 수행하는데 있어 관련되는 범위와 물리적 혹은 환경적 조건 • 능력단위를 수행하는데 있어 관련되는 자료.서류.장비.도구.재료
평가지침	• 능력단위의 성취 여부를 평가하는 방법과 평가시 고려되어야 할 사항
작업기초능력	• 능력단위별로 업무 수행을 위해 기본적으로 갖추어야 할 직업 능력
개발, 개선이력	• 해당 능력단위의 최초 개발부터 능력단위가 변경된 이력관리

1. 직무개요

1) 직무의 정의

중식조리는 중국음식을 제공하기 위하여 메뉴를 계획하고,식재료를 구매,관리,손질하여 정해진 조리법에 의해 조리하며 식품위생과 조리기구 조리 시설을 관리하는 일이다

2) 능력단위별 능력단위 요소

분류번호	능력단위(수준)	능력단위 요소
1301010302-21v4	중식절임.무침조리(2)	절임.무침 준비하기
		절임류 만들기
		무침류 만들기
		절임 보관, 무침 완성하기
1301010303-21v4	중식육수.소스조리(2)	육수.소스 준비하기
		육수.소스 만들기
		육수.소스 완성,보관하기
1301010304-21v4	중식냉채조리(4)	냉채 준비하기
		기초장식 만들기
		냉채 조리하기
		냉채 완성하기
1301010305-21v4	중식딤섬조리(4)	딤섬 준비하기
		딤섬 빚기
		딤섬 익히기
		딤섬 완성하기
1301010306-21v4	중식수프.탕조리(4)	수프.탕 준비하기
		수프.탕 조리하기
		수프.탕 완성하기

1301010307-21v4	중식 볶음조리(4)	볶음 준비하기
		볶음 조리하기
		볶음 완성하기
1301010308-21v4	중식 튀김조리(2)	튀김 준비하기
		튀김 조리하기
		튀김 완성하기
1301010309-21v4	중식 찜조리(4)	찜 준비하기
		찜 조리하기
		찜 완성하기
1301010310-21v4	중식 조림조리(2)	조림 준비하기
		조림 조리하기
		조림 완성하기
1301010311-21v4	중식 구이조리(4)	구이 준비하기
		구이 조리하기
		구이 완성하기
1301010312-21v4	중식 면조리(3)	면 준비하기
		반죽하여 면 뽑기
		면 삶아 담기
		요리별 조리하여 완성하기
1301010313-21v4	중식 밥조리(2)	밥 준비하기
		밥 짓기
		요리별 조리하여 완성하기
1301010314-21v4	중식 후식조리(4)	후식 준비하기
		더운 후식류 만들기
		찬 후식류 만들기
		후식류 완성하기
1301010320-21v4	중식 기초 조리실무(2)	기본 칼 기술 습득하기
		기본 기능 습득하기
		기본 조리법 습득하기
1301010321-21v4	중식 식품조각(4)	식품 조각 준비하기

2. 수준 체계

국가직무능력표준의 체계는 산업현장 직무의 수준을 체계화한 것으로 산업현장-교육현장-자격연계,평생학습능력 성취 단계제시 , 자격의 수준체계구성에서 활용합니다.

국가 직무능력표준 개발 시 8단계의 수준체계에 따라 능력단위 및 능력단위요소별 수준을 평정하여 제시합니다

수준	직무 수준 정의
8수준	(정의) 해당분야에 대한 최고도의 이론 및 지식을 활용하여 새로운 이론을 창조할 수 있고 최고도의 숙련으로 광범위한 기술적 작업을 수행할 수 있으며 조직 및 업무 전반에 대한 권한과 책임이 부여된 수준
	(지식기술) 해당분야에 대한 최고도의 이론 및 지식을 활용하여 새로운 이론을 창조할 수 있는 수준 최고도의 숙련으로 광범위한 기술적 작업을 수행할 수 있는 수준
	(역량) 조직 및 업무 전반에 대한 권한과 책임이 부여된 수준
	(경력) 수준7에서 2-4년 정도의 계속 업뮤 후 도달 가능한 수준
7수준	(정의) 해당분야의 전문화된 이론 및 지식을 활용하여 고도의 숙련으로 광범위한 작업을 수행할 수 있으며 타인의 결과에 대하여 의무와 책임이 필요한 수준
	(지식기술) 행당분야의 전문화된 이론 및 지식을 활용할수 있으며 근접분야의 이론 및 지식을 사용할 수 있는 수준 고도의 숙련으로 광범위한 작업을 수행하는 수준
	(역량) 타인의 결과에 대하여 의무와 책임이 필요한 수준
	(경력) 수준6에서 2-4년 정도의 계속 업무 후 도달 가능한 수준

6수준	(정의) 독립적인 권한 내에서 해당분야의 이론 지식을 자유롭게 활용하고 일반적인 숙련으로 다양한 과업을 수행하고 타인에게 해당분야의 지식 및 노하우를 전달할 수 있는 수준
	(지식기술) 타인에게 해당분야의 지식 및 노하우를 전달할 수 있는 수준 일반적인 숙련으로 다양한 과업을 수행할 수 있는 수준
	(역량) 타인에게 해당분야의 지식 및 노하우를 전당할 수 있는 수준 독립적인 권한 내에서 과업을 수행할 수 있는 수준
	(경력) 수준5에서 1-3년 정도의 계속 업무 후 도달 가능한 수준
5수준	(정의) 포괄적인 권한 내에서 해당분야 이론 및 지식을 사용하여 매우 복잡하고 비일상적인 과업을 수행하고 타인에게 해당분야의 지식을 전달할 수 있는 수준
	(지식기술) 해당분야의 이론 및 지식을 사용할 수 있는 수준 매우 복잡학고 비상임상적인 과업을 수행할 수 있는 수준
	(역량) 타인에게 해당분야의 지식을 전달할 수 있는 수준 포괄적인 권한 내에서 과업을 수행할 수 있는 수준
	(경력) 수준4에서 1-3년 정도의 계속 업무 후 도달 가능한 수준
4수준	(정의) 일반적인 권한 내에서 해당분야의 이론 및 지식을 제한적으로 사용하여 복잡하고 다양한 과업을 수행하는 수준
	(지식기술) 해당분야의 이론 및 지식을 제한적으로 사용할 수 있는 수준 복잡하고 다양한 과업을 수행할 수 있는 수준
	(역량) 일반적인 권한 내에서 과업을 수행할 수 있는수준
	(경력) 수준3에서 1-4년 정도의 계속 업무 후 도달 가능한 수준

3수준	(정의) 제한된 권한 내에서 해당분야의 기초이론 및 일반지식을 사용하여 다소 복잡한 과업을 수행하는 수준
	(지식기술) 해당분야의 기초이론 및 일반지식을 사용할 수 있는 수준 다소 복잡한 과업을 수행하는 수준
	(역량) 제한된 권한 내에서 과업을 수행하는 수준
	(경력) 수준2에서 1-3년 정도의 계속 업무 후 도달 가능한 수준
2수준	(정의) 일반적인 지시 및 감독하에 해당분야의 일반 지식을 사용하여 절차화되고 일상적인 과업을 수행하는 수준
	(지식기술) 해당분야의 일반 지식을 사용할 수 있는 수준 절차화 되고 일상적인 과업을 수행하는 수준
	(역량) 일반적인 지시 및 감독 하에 과업을 수행하는 수준
	(경력) 수준1에서 6-12개월 정도의 계속 업무 후 도달 가능한 수준
1수준	(정의) 구체적인 지시 및 철저한 감독하여 문자이해 .계산능력 등 기초적인 일반지식을 사용하여 단순하고 반복적인 과업을 수행하는 수준
	(지식기술) 문자이해 계산능력 등 기초적인 일반 지식을 사용할 수 있는 수준 단순하고 반복적인 과업을 수행하는 수준
	(역량) 구체적인 지시 및 철저한 감독하에 과업을 수행하는 수준

중식조리 능력단위 구조도

5수준 Master chef	
4수준 Head chef	중식 냉채조리 중식 딤섬조리 중식 수프 탕조리 중식 볶음조리 중식 찜조리 중식 구이조리 중식 후식조리 중식 식품조각
3수준 cook	중식 면조리 중식 조리실무
2수준 cook helper	중식 절임 무침조리 중식 육수소스조리 중식 튀김조리 중식 조림조리 중식 밥조리 중식 기초 조리실무

VI. 교과목 명세서 작성

1. NCS 기반 교과목 명세서

교과목명	중식조리		
교과 개요	실무현장에서 요구하는 중식조리의 기초조리 이론과 식재료, 소스에 관한 기본지식을 익히고, NCS 능력단위별로 볶음 · 찜요리 · 중식만두 · 중식 스프 · 탕 · 중식냉채 · 짜장면 · 짬뽕 · 생선조림 · 조림 · 중식절임 · 볶음 조리 · 생선튀김 · 북경오리 · 구이 조리 · 무침 · 국수 · 딤섬 · 짜사이 · 오이피클 · 땅콩 · 중식저장식품 등의 조리기술을 실습하는 교과목이다.		
목표	중국음식에 사용되는 식재료와 소스의 올바른 활용법과 적절한 조리법을 이해하고, 본 과목을 학습함으로써 산업체에서 요구하는 중식 기초조리 이론 및 NCS 능력단위별 중식조리 기술을 습득하여 실무에 활용할 수 있도록 한다.		
선행학습 (교과목)	중식조리기능사, 식품재료학, 조리원리, 식품위생학		
이수시간	4시간 × 15주 = 60시간		
교육대상	1학년		
학습 자원	교재 (학습 모듈)	셰프의 중국요리(chef's chinese cuisine)	
	시설 (강의실)	중식실습실(예지관 303호)	
	자원 (장비/ 도구)	• 조리용 칼, 도마, 튀김기기, 후라이팬, 용기, 계량저울, 계량컵, 계량스푼, 조리용젓가락, 온도계, 체, 조리용 집게, 타이머, 꼬치 등 • 조리용 불 또는 가열도구 • 위생복, 앞치마, 위생모자, 위생행주, 분리수거용 봉투 등	

	교수방법	주요 내용
교수(강의) 방법 및 활동	강의법	NCS 중식조리직무의 14개 능력단위별로 능력단위요소 범위에 포함되는 내용들에 대하여 이론적인 내용을 강의하고 시연을 통해 설명한다.
	실험실습법	학습한 내용을 NCS 중식조리직무의 14개 능력단위별로 능력단위요소 범위에 포함되는 중식조리 기능사 실습과제에 대하여 각자 1인1실습을 통하여 학습한다.

	평가 항목	배점(%)	평가 개요
평가 개요	진단평가	-	강의를 수강하기 전 수업전략을 위한 기초자료를 수집하고 적정한 교수학습 방법을 결정하기 위하여 기초적인 평가(5점척도의 객관식 5개 문항) 실시
	출석	20%	• 1회 결석 2점 감점 • 1회 지각 시 0.7점 감점(3회 지각 시 2점 감점)
	직무능력평가1	30%	중간평가(주관식 서술형 평가)
	직무능력평가2	30%	기말평가(작업형 평가)
	직무능력평가3	20%	NCS 중식조리직무의 14개 능력단위에 대하여 주차별로 조리실습에 임하는 학습참여율과 적극적인 학습태도를 평가 • 수업시간 전 mise en place(준비과정) 평가 • 주차별로 조리실습에 임하는 학습참여율과 적극적인 학습태도를 평가 • 수업 종료 후 청소 및 정리정돈 평가
	향상/심화 계획	-	교과목 직무능력 평가 후 70% 수준 미만인 학생을 대상으로 총 강의시간 수의 20% 이내로 향상교육 실시

	평가 방법	평가 내용
평가 방법 및 평가 내용	평가자 질문	각 능력단위별 평가항목에 대하여 학습자가 잘 이해하고 정확하게 답변하는지를 평가
	작업장 평가	각 능력단위별 작업 수행과정 및 수행과정 완료 후 평가 항목을 체크한다.
	포트폴리오	실습 후 실험실습일지를 작성·제출하게 하여 내용을 평가

학습 세부 내용		
학습 (능력단위요소)	주차 (시간수)	수 행 준 거
		지식, 기술, 태도
중식 조리실무 (기초기능 익히기)	1~2주차 (6시간)	1. 조리도구를 사용하고 종류별 특성에 맞게 적용할 수 있다. 2. 식재료와 조미료를 파악하고 메뉴에 맞게 사용할 수 있다. 3. 표준조리 위한 계량 기구를 사용하여 계량할 수 있다. 4. 중식소스류를 용도에 맞게 사용할 수 있다. 5. 조리 용어와 기본 썰기에 대하여 이해하고 습득할 수 있다. 6. 중식 기본 재료를 손질하여 고명을 만들 수 있다.
		• 지식 - 계량법과 계량단위 - 가니쉬의 종류 - 중국요리에 필요한 기본 썰기 방법 - 식재료 영양성분 - 식품위생 법규 - 식품조리원리 - 조리기구의 종류와 명칭, 특징, 용도 - 중국요리에 들어가는 소스와 양념에 대해 이해 • 기술 - 계량 도구 사용 능력 - 고명 만드는 기술 - 기본 썰기 능력 - 다양한 썰기를 할 수 있는 능력 - 조미료 사용능력 - 주방도구 관리, 보관능력 - 칼 가는 방법의 능력

중식 조리실무 (기초기능 익히기)	1~2주차 (6시간)	• 태도 - 관찰태도 - 메모태도 - 문제해결 태도 - 반복훈련태도 - 안전사항 준수태도 - 용모와 복장태도 - 위생관리준수 태도 - 의사소통태도
중국요리 절임.무침조리 (오이피클. 짜사이 만들기)	3주차 (3시간)	1. 중국요리의 민반찬 종류와 형태에 따라 조리시간과 방법을 조절 할 수 있다. 2. 조리 재료특성에 따라 물과소금,식초 양을 가감 할 수 있다. 3. 조리도구와 조리법에 맞도록 화력조절, 가열시간 조절를 할 수 있다.
		• 지식 - 끓이는 시간과 불의 조절 - 조리기물 특성 - 재료에따른 조리방법 - 전분의 호화특성에 따른 물의 비율 • 기술 - 부재료를 첨가하여 볶는 기술 - 불의 조절능력 - 재료의 특성과 상태에 따른 조절능력 - 저장ㆍ보관ㆍ 자르기 능력 - 재료의 특성에 따라 갈거나 썰기 능력 • 태도 - 바른 작업태도 - 반복훈련태도 - 위생관리태도 - 조리도구 정리태도 - 조리도구 청결관리태도 - 기구 안전관리태도

중국요리의 냉채만들기	4주차 (3시간)	1. 중식냉채 종류에 따라 삶거나 끓일 수 있다. 2. 새우 쇠고기,생선을 끓인물에 넣어 조리방법에 따라 빚을 수 있다. 3. 부재료를 조리방법에 따라 조리할 수 있다. 4. 야채의종류에 따라 양념장을 만들어 비비거나 용도에 맞게 활용할 수 있다. 5. 냉채의종류에 따라 어울리는 소스을 만들 수 있다.
		• 지식 - 고명의 종류 - 오이 생선류 삶기 및 끓이기 - 각야채별종류에 맞는 양념장 비율 - 냉채 종류와 부재료의 특성 - 냉채의 소스를 용도에 맞게 활용 - 냉채의 드레싱과 소스 특징과 조리에 대한 조리원리 • 기술 - 오이와 무를 칼로 자르는 기술습득 - 새우 쇠고기을 용도에 맞게 삶거나 끓이는 기술 - 냉채의 종류에 따라 찬물에 헹구어 탄력을 유지하는 기술 - 냉채의 종류에 맞는 냉채소스 만드는 기술 - 냉채의 종류와 특성에 맞는 부재료를 조리의 순서에 따라 조리하는 능력 - 식초와 설탕,물의 양를 정확한 양을 측정한다 • 태도 - 관찰하는 태도 - 바른 작업 태도 - 반복훈련태도 - 안전관리태도 - 위생관리태도
중식딤섬 만들기 (물만두 찐만두 샤오마이 하가우)	5주차 (3시간)	1. 재료의 종류에 맞게 물만두 조리를 만들 수 있다. 2. 만두은 주재료와 부재료의 배합에 맞게 조리할 수 있다. 3. 만두은 다양한 재료를 활용하여 조리할 수 있다. 4. 조리의 종류에 따라 끓이는 시간을 달리 할 수 있다.

중식딤섬 만들기 (물만두 찐만두 샤오마이 하가우)	5주차 (3시간)	• 지식 - 관능평가 - 만두의 특성 - 만두의 특성과 성분 - 만두피의 숙성과정 이해 - 조리가열 시간 - 주재료와 부재료의 특성 • 기술 - 만두소의 간과 소의배합 감별능력 - 부재료의 특성에 맞게 조리기술 - 불의 세기 조절능력 - 만두피의 숙성도 조절능력 - 만두소의 혼합 비율 조절능력 - 음식에 종류에 따른 양념장 사용능력 - 조리특성에 맞춰 국물 양 조절능력 • 태도 - 반복훈련태도 - 안전관리태도 - 위생관리태도 - 조리과정 확인태도 - 준비재료 세밀 점검태도 - 조리도구 청결 관리태도
중식 요리 (수프, 탕 조리)	6주차 (3시간)	1. 채소류 중 단단한 재료는 데치거나 삶아서 사용할 수 있다. 2. 조리법에 따라 재료는 양념하여 밑간할 수 있다. 3. 스프는 육수에 재료와 양념을 첨가 시점을 조절하여 넣고 끓일 수 있다. 4. 탕에 따라 재료와 양념장, 육수를 그대로 그릇에 담아낼 수 있다. 5. 스프은 전 처리한 재료를 그릇에 가지런히 담을 수 있다. 6. 탕에 필요한 소스와 부재료. 육수는 필요량에 따라 조절할 수 있다.

중식 요리 (수프, 탕 조리)	6주차 (3시간)	• 지식 - 양념 활용법 - 재료 활용법 - 재료종류와 특성 - 중국요리의 스프와 탕의 종류 및 특성 • 기술 - 재료의 종류와 특성에 맞게 조리능력 - 스프와 탕요리 조리 특성에 맞는 국물의 양 조절능력 - 화력조절능력 • 태도 - 바른 작업 태도 - 반복훈련태도 - 안전관리태도 - 위생관리태도 - 준비재료 점검태도
중식 요리 튀김조리하기	7주차 (3시간)	1. 중국요리 튀김방법에 따라 기름 양을 조절할 수 있다. 2. 튀김요리에 필요한 전분과물의 양을 후 조절 할 수 있다. 3. 튀김 종류와 재료에 따라 가열시간을 조절할 수 있다. 4. 튀김요리 화력을 조절하여 재료의 고유의 색, 형태를 유지할 수 있다. 5. 튀김요리에 어울리는 가니쉬을 만들 수 있다.
		• 지식 - 전분 종류 -전분과물의 비율 - 튀김 가열시간 준수 - 튀김재료의 특성 - 튀김요리 맛과 형태유지

중식 요리 튀김조리하기	7주차 (3시간)	• 기술 - 기름과 불의 사용 능력 - 튀김옷의 농도 조절 기술 - 튀김재료 고유의 색과 형태를 유지능력 - 조리종류에 따른 소스와 농도 조절능력 - 튀김요리의 조리기술 - 재료의 선별능력 - 화력조절능력 • 태도 - 바른 작업 태도 - 반복훈련태도 - 세밀한 관찰태도 - 안전관리준수태도 - 위생관리태도

중식조리
중국요리 찜요리
	8주차
	(3시간)
		1. 조리종류에 따라 준비한 도구에 재료를 넣고 양념장에
		    조리거나 기름에 볶을 수 있다.
		2. 재료와 양념장의 비율, 첨가 시점을 조절할 수 있다.
		3. 재료가 눌어붙거나 모양이 흐트러지지 않게 화력을 조
		    절하여 익힐 수 있다.
		4. 조리종류에 따라 국물의 양을 조절할 수 있다.

		• 지식 - 재료의 특성 - 조리가열시간 - 중국요리의 찜방법에 따른 형태 변화 - 생선찜 조리방법 • 기술 - 조리에 따른 재료선별능력 - 조리종류별 소스 사용 능력 - 조리종류에 따라 소승와 부재료 조절능력 - 중국요리찜요리의 시간과불 조절능력 - 화력조력능력

중식조리 중국요리 찜요리	8주차 (3시간)	• 태도 - 관찰태도 - 바른 작업 태도 - 반복훈련태도 - 안전사항 준수태도 - 위생관리태도
중국요리 조림요리	9주차 (3시간)	1. 생선 야채들을 전처리해서 조리법에 맞게 조리 할 수 있다. 2. 조리의 종류에 따라 속 재료 및 혼합재료 등을 만들 수 있다. 3. 주재료에 따라 소스와주재료를 활용하여 조림의 형태를 만들 수 있다. 4. 재료와 조리법에 따라 소스의 종류·양과 온도를 조절하여 조림을 할 수 있다.
		• 지식 - 조림의 종류·특성 - 조림용기의 종류를 다루는법 - 부재료의 가식부분과 비가식부분 제거방법 - 재료의 특성에 따른 적정온도 - 조림의 불를 다루는 방법 • 기술 - 기물, 기기 이용능력 - 조림에 필요한 불의 세기와 시간 맞추는 능력 - 재료에 따른 조림온도의 조절능력 - 재료특성에 따른 조리능력 - 조림의 깊은맛 낼 수 있는 능력 • 태도 - 관찰태도 - 바른 작업 태도 - 반복 훈련태도 - 안전사항 준수태도 - 위생관리 태도

중국요리 중식 구이조리	10주차 (3시간)	1. 중국요리의 구이종류에 따라 양념하는 방법을 할 수 있다 2. 구이종류에 따라 초벌구이를 할 수 있다. 3. 온도와 불의 세기를 조절하여 익힐 수 있다. 4. 구이의 색, 형태를 유지할 수 있다.
		• 지식 - 열원에 따른 직화, 간접구이 법 - 재료 특성 - 구이 종류의 특성 • 기술 - 구이 기술능력 - 구이 특성에 맞는 조리능력 - 도구 준비능력 - 중국요리 구이 첨가하여 소스를 조리하는 기술 - 화력 조절능력 • 태도 - 관찰태도 - 바른 작업 태도 - 반복훈련태도 - 안전사항 준수태도 - 위생관리태도
중국요리 면요리 하기	11주차 (3시간)	1. 면반죽 재료를 비율대로 혼합, 조절할 수 있다. 2. 면반죽에 들어가는 부재료 비율. 3. 야채의 사이즈와 모양을 익힌다. 4. 재료에 따라 면요리 만드는법 익힌다.
		• 지식 - 면삶는 방법 - 면을 삶은 후 조리 방법 - 면들어가는 재료의 성분과 특성 - 면반죽 혼합 비율 계량 - 조리특성에 따른 조미료 넣는 순서 - 재료 선별

중국요리 면요리 하기	11주차 (3시간)	• 기술 - 배합비율 능력 - 식감 있게 조리하는 능력 - 면을 활용한 조리 능력 - 면요리에 필요한 소스와 양념및야채 사용능력 - 면반죽의 시간과 숙성방법 - 영양소의 손실을 최소화하는 능력 - 재료 신선도 유지능력 - 면의 장력유지 하는 능력 • 태도 - 바른 작업 태도 - 반복태도 - 선선도 관찰 태도 - 안전사항 준수태도 - 위생관리태도
중식요리 식사만들기 (볶음밥)	12주차 (3시간)	1. 중국요리볶음의 특성에 맞도록 주재료에 부재료와 양념의 비율을 조절하여 소를 넣거나 버무릴 수 있다. 2. 볶음의 종류에 따라 육수의 양을 조절할 수 있다. 3. 온도와 시간을 조절하여 숙성하여 보관할 수 있다.
		• 지식 - 볶음요리의 불의 세기와 시간 • 기술 - 프라이팬의 동작법 - 소스와 육수비율 - 불의 세기조절능력 - 재료선별 능력 • 태도 - 바른 작업 태도 - 반복 훈련태도 - 숙성단계 관찰태도 - 안전사항 준수태도 - 위생관리태도

중국요리 후식 만들기	13주차 (3시간)	1. 후식류의 주재료와 부재료를 배합할 수 있다. 2. 후식류 종류에 따라 끓이거나 우려낼 수 있다. 3. 후식류에 띄울 과일, 꽃, 과일 고구마 옥수수 재료 등 　을 조리법대로 준비할 수 있다. 4. 끓이거나 우려낸 물에 당도를 맞출 수 있다. 5. 후식류의 종류에 따라 냉, 온으로 보관할 수 있다.
		• 지식 　- 배합비율과 혼합방법 　- 후식류 조리방법 　- 후식류의 종류 　- 재료 배합 비율 　- 재료의 따라 끓이는 시간 　- 재료의 특성 • 기술 　- 당도 조절 능력 　- 모양을 내거나 고명사용 능력 　- 후식류 냉, 온 보관 능력 　- 후식류의 종류에 따라 색을 내는 기술 　- 재료 끓이거나 우려내는 기술 　- 재료 첨가와 배합 능력 • 태도 　- 관찰 태도 　- 바른 작업 태도 　- 반복훈련태도 　- 안전사항 준수태도 　- 위생관리태도

중국요리 가금류 (닭,오리)	14주차 (3시간)	1. 가금류요리조리에 필요한 재료를 반죽할 수 있다. 2. 가금류요리의 종류에 따라 모양을 만들 수 있다. 3. 북경오리와 닭고기요리의 종류에 따라 조리방법을 달리하여 조리 할 수 있다. 4. 꿀이나 설탕시럽에 담가둔 후 꺼내거나 끼얹을 수 있다. 5. 북경오리 필요한 소스와 야채(대파 오이)을 사용하여 조리한다.
		• 지식 - 가니쉬의 종류와 오리소스 - 기름종류와 특성 - 오리와 닭의 재료의 특성 - 좋은 오리와 닭 선택하는 법 - 기름의 특성 - 북경오리의 조리방법 - 닭튀김의 온도와 시간 • 기술 - 북경오리 건조한는 법 - 균일한 크기와 형태조절능력 - 오리훈제 방법 - 다양한 색상을 만드는 기술 - 튀김온도의 불의 세기와 시간 - 닭튀김에 들어가는 튀김옷의 농도 맞추는 기술 - 닭 손질하는 방법 - 북경오리 껍질의 맛과 윤기 내는 기술 • 태도 - 관찰태도 - 바른 작업 태도 - 반복 훈련태도 - 안전사항 준수태도 - 위생관리태도

중국요리의 저장식품	15주차 (3시간)	1. 야채및 생선 육류 종류에 따라 주재료를 적정한 시간과 염도를 맞추어 미리 절일 수 있다. 2. 저장식품(짜사이.훈제삽겹살)의 종류에 따라 재료에 양념장을 사용하여 첨가할 수 있다. 3. 적정한 온도와 시간을 조절하여 숙성, 보관할 수 있다.
		• 지식 - 짜사이 염도, 산도, 당도 다양한 훈제법 - 저장식품의 숙성온도와 기간 - 저장식품 조리 방법 - 재료의 특성
		• 기술 - 양념 배합능력 - 짜사이의 숙성 및 보관능력 - 저장식품 절임 능력 - 재료에 따른 염도, 산도, 당도 조절능력 훈제법 • 태도 - 관찰태도 - 바른 작업 태도 - 반복훈련태도 - 안전사항 준수태도 - 위생관리태도

- 도출된 교과목 별로 능력단위의 내용(능력단위요소, 수행준거, 기술, 지식, 태도 등)을 종합하여 교과목 명세서를 작성

- 구성요소 : 교과목명, 관련 직무명, 능력단위, 능력단위요소, 수행준거, 교육목표, 교육내용, 교육시수, 교육방법, 교육정보, 평가내용, 장비 및 도구 등

- 교육목표는 해당 교과목을 통하여 학생들이 최종적으로 성취해야 할 지식, 기술, 태도 등을 관찰 가능한 용어로 구체적으로 작성하며, NCS의 능력단위 정의, 수행준거 등을 활용하여 작성

- 교육내용은 해당 교과목에서 다루는 내용을 대단원과 중단원 수준에서 제시하며, NCS의 능력단위 및 능력단위요소의 수행준거, 지식, 기술, 도구, 태도에 대한 내용을 검토하여 작성

- 교수 · 학습 방법은 교과목과 연관된 직무 및 과목의 특성을 고려하여 교과목에서 활용하는 주요 교수 · 학습 활동을 작성함(예: 캡스톤 디자인, 팀프로젝트 등)

- 평가방법은 NCS 수행준거 및 평가지침(평가방법, 평가 시 고려사항)을 활용하여 학생들이 교과내용을 바탕으로 해당 능력을 성공적으로 수행할 수 있는지를 적절히 평가할 수 있는 방법을 선택하며, 평가방법의 상세내용은 과목별 평가계획서에서 기술

- 장비 및 도구는 NCS 활용 교과목인 경우 NCS 능력단위에서 제시된 내용을 기술하며, NCS 미활용 교과목인 경우 교육내용 및 교육방법 등을 고려하여 작성

- 교과목 명세서 작성은 NCS를 활용한 교과목 및 NCS를 활용하지 않은 전공 교과목 및 직업기초능력 교과목을 포함

- 교과목 명세서는 교과목에 관한 주요 내용을 기술하며, 교과목 명세서와 NCS 학습모듈을 바탕으로 교수자가 개인적으로 작성하는 강의계획서(수업계획서)와는 구분되어야 함

- 장비 및 도구는 본 특성화전문대학육성사업에 있어서 기자재 도입계획과 연계성을 가지므로 명확하고, 정확하게 작성해야 함

VII. 중국 음식문화의 이해

1. 중국의 음식문화 이해

　중국은 지역마다 다른 기후와 토양이 다른 광대한 영토(領土)를 갖고 있고, 4000년이라는 오랜 역사와 문화유산을 갖고 있어 중국만의 독특한 음식문화가 발전되어 왔다. 특히 대한민국 면적의 45배에 해당하는 거대한 면적의 국토와 15억 명의 인구를 갖고 있으며 한족을 포함한 56개 민족으로 이루어진 다민족(多民族) 국가로 이민족과 한족의 융합(融合) 속에서 다양한 문화가 발전하였다. 음식문화 역시 지역별, 기후별로 다르게 발전을 거듭하였다. 이러한 연유로 각 지역은 각각의 식재료에 따른 조리기술과 맛, 모양, 향 등의 특색이 형성되었다.

2. 중국음식의 이해

　중국요리는 넓은 면적의 지역에서 생산되는 다양하고 신선한 재료가 풍부하고 50개의 소수민족과 한족의 음식문화가 결합하여 독특한 지역 음식문화가 존재하며 궁중요리가 발전되어 왔다. 중국요리는 다음과 같은 3가지 특징이 있다.

1) 중국요리의 특징

(1) 도공정세(刀工精細) : 칼 한 자루로 모든 장식과 손질이 가능하다.
　　중국요리의 재료 썰기는 방법이 화려하고 다양하다. 특히 썰기는 정교하고 세밀하게 한다.
(2) 조미강구(調味講究) : 다양한 조미 맛을 내고 있다.
　　음식의 맛을 내기 위해 연구하고 있다. 다양한 맛을 내기 위해 달고, 쓰고, 맵고, 시고, 짜다의 오미를 요리에 다양하게 첨가하여 색다른 조미 맛을 내고 있다.
(3) 주중화후(注重火候) : 불을 중시 여겨 불의 세기를 조절하여 음식을 만든다.

불을 가열하여 짧은 시간에 조리함으로써 재료의 영양 손실과 맛, 수분 유출을 막아 식자재 고유의 맛을 살린다.

2) 중국요리의 조리 방법의 특징

중국요리의 조리 방법은 네 가지 특징이 있다.

(1) 기름에 파, 마늘, 고추, 생강 등의 향신료를 많이 사용한다.

볶음요리는 중식 화덕에 중식 프라이팬(Wok)에 기름을 두르고 파, 마늘, 생강 등을 넣어 볶아서 양념이 가지고 있는 향과 맛을 낸 후 주재료를 첨가하여 요리를 만든다.

(2) 튀김 요리는 두 번 튀긴다.

첫 번째 튀길 때는 재료를 80% 정도 익히고, 두 번째 튀기면 튀김 재료가 바삭해지는 효과가 있다.

(3) 불을 적절하게 이용하여 최단 시간으로 조리한다.

식재료를 최단 시간에 볶아 재료가 타지 않게 하며 최대한의 영양 손실을 막고 재료의 본연의 맛과 풍미를 내도록 한다.

(4) 기름을 많이 사용한다.

참기름, 고추기름, 마늘기름, 파기름 등을 조미료로써 사용하여 중국요리 특유의 풍미를 내고 있다.

3. 중국요리의 지역적 특징

중국요리는 크게 양쯔 강과 황허강을 기준으로 화남(華南)과 화북(華北)으로 분리하고, 동해 연안지역과 장강 상류인 서쪽 내륙 지역으로 나누어진다.

이것을 지역적으로 분리하면 광동성을 중심으로 남쪽 지방에서 발달한 광동요리, 사천성을 중심으로 산악 지대의 풍토에 영향을 받은 사천요리, 양쯔 강 하류의 평야 지대를 중심으로 발달한 강소요리, 그리고 수도인 북경을 중심으로 궁중요리가 발달한 산동요리로 중국의 요리를 이렇게 4가지로 구분한다.

1) 북경요리(北京料理)

(1) 위치 : 북경을 중심으로 중국의 동북부 지역

(2) 기후 : 한랭하고 온화한 기후

(3) 요리의 특징

북경(北京)은 오랫동안 중국의 수도로서 정치 경제 문화의 중심 지역이고 고급요리가 발달하였다. 또한, 호화스러운 데코레이션을 한 요리가 발달한 것도 하나의 특징이다. 또한, 역사적으로 북경은 진·원·청 왕조의 수도였다. 오랜 세월 동안 여러 분류의 사람들이 이 도시에 모여 왔기 때문에 좋은 식재료와 맛있는 요리가 북경으로 전래되어 왔다. 그래서 여러 지방의 관습과 습관이 서로 영향을 주고받으면서 북경 음식문화가 발전되었다.

북경은 비교적 추운 중국의 북쪽에 위치해 있기 때문에 볶음요리의 조리 방식을 선호하고 있다. 과거의 북경인들은 양고기를 우선으로 그 다음으로 돼지고기, 생선을 더 선호하고 즐겼다. 그러나 요즘은 소고기, 돼지고기, 생선 등으로 강한 양념소스와 진한 소스가 곁들인 요리를 더 선호하고 있다.

북경요리는 식자재의 신선도, 요리의 장식 등에 신경 써 부드럽고 우아한 요리로 급속도로 발달하고 있다.

2) 사천요리(四川料理)

(1) 지역

중국의 서방 양쯔 강 상류의 산악 지방과 사천을 중심으로 운남(雲南), 귀주(貴州) 지방의 요리를 총칭함

(2) 기후

일교차가 큰 악천후의 기후이다. 여름에는 덥고, 겨울에는 추우며 낮과 밤의 기온 차가 많다.

(3) 요리의 특징

사천요리는 바다가 멀고 더위와 추위의 차이가 심한 지방으로 이러한 자연환경을 이겨내기 위해 다양한 조미료를 사용한다. 고추, 산초, 후추, 술지게미, 두반장, 파, 생강, 마늘을 가장 많이 사용한다. 또한, 삼초(후추, 고추, 산초)를 사용하여 맛과 향이 진하고 기름기가 많은 편으로 매운맛이 강하다. 바다가 멀어 소금에 절인 생선류, 말린 저장 식품의 조리법이 발달하였다. 특히 사천요리의 특징은 깨끗하고, 신선하고, 진함이 함께 느껴지고, 아리고 매운맛으로 유명하다. 따라서 "맛 하면 사천(味在四川)"이라는 평가를 얻고 있다.

대표적인 사천요리는 과파삼선(鍋巴三鮮, 쌀밥누룽지에 여러 가지 재료를 넣어 걸쭉하게 만든 소스를 식탁에서 끼얹어 먹는 요리), 회장육(回醬肉, 삶은 돼지고기를 사천풍으로 다시 볶아낸 요리), 마파두부(麻波豆腐, 두부와 갈은 고기를 두반장에 볶은 요리), 궁보계정(宮寶鷄丁, 닭고기를 주재료로 하여 땅콩, 고추, 오이, 당근이 들어간 볶음 요리) 등이 있다.

3) 광동요리(廣東料理)

(1) 지역

중국 남부의 광주를 중심으로 한 요리를 총칭

(2) 기후 : 더운 열대성 기후

(3) 요리의 특징

일찍부터 서양과 교류하였다. 이에 따라 서양 음식문
화와 중국의 음식문화가 자연스럽게 교류하였고 국제
적인 음식으로 발전되었다.

관동요리 특징은 서양요리의 소스나 재료, 조리법 등을 받아들여 메뉴 개발에 접목
하였으며, 재료가 가지고 있는 재료 본연의 맛을 최대한 살리고 재료를 오랫동안
조리하지 않고 빠른 시간 안에 조리한다. 또한, 자극적이지 않고 기름지지 않으며
맛도 담백하며 부드럽다

광동요리에 대표적인 요리로는 광동식 탕수육, 불도장, 삭스핀요리가 유명하다

4) 강소요리(江蘇料理)

(1) 지역 : 중국 중부, 남경, 상해, 양주 지방을 중심으로 한 요리를 총칭한다.

(2) 기후

온화하고 온대성 기후로 사계절이 뚜렷하고 비옥한 토양으로 다양한 식자재가 많
이 생산된다.

(3) 요리의 특징

풍부한 식재료와 해산물을 이용한 맛이 깊고 양념류를 많이 사용하는 것이 특징이
다. 쌀이 많이 생산되는 지역으로 소흥주, 진강초 등 술을 요리에 많이 첨가하는 조
리법이 발달했다. 음식의 맛은 재료 본연의 맛을 추구하고 간이 세고 단맛이 많이
나는 것이 특징이다.

강서요리에 대표적인으로는 동파육, 두치장어, 설화계탕 등이 있다.

5) 기타 중국음식

딤섬(点心)

중국, 홍콩뿐만 아니라 세계인의 인기 메뉴로 주목받고 있는 딤섬은 중국에서 간단한 점심을 뜻하는 말로 한문으로 점심(点心)으로 '마음의 점을 찍다' 란 뜻이다.

딤섬은 한입 크기로 만든 중국 만두로 중국 남부 광동지방에서 만들어 먹기 시작했으며, 차와 함께 곁들어 먹었다.

딤섬은 여러 가지 고기와 해산물, 채소를 찐 것, 튀긴 것, 구운 것 등으로 나눌 수 있다.

모양과 조리법에 따라 이름이 여러 가지이다. 작고 투명한 것은 교자이며, 껍질이 두툼하고 둥근 것은 파오, 통만두처럼 윗부분이 개방되어 있는 것이 마이라고 한다.

속재료로는 새우, 게살, 장어, 해삼, 관자 등 다양하다.

대표적인 딤섬으로는 샤오마이, 하가우, 춘권, 차시우바오, 샤오롱바오 등이 있다.

Ⅷ. 중국 차(茶)

중국의 차는 기원전 2700년경 신농(神農)이 차나무 잎을 씹어 먹은 후 몸 속의 독을 제거한 후 차의 약효(藥效)가 널리 전파되어 오늘날까지 이용하고 있다.

1. 차의 종류(種類)

차는 생산되는 지역과 가공 방법에 따라 다양하며 보편적으로 차의 발효도에 따라 녹차, 백차, 황차, 흑차, 홍차, 보이차 등으로 분류한다.

1) 녹차(綠茶) : 발효도 0%

(1) 종류 : 용정차(龍井茶), 벽라춘(碧螺春), 우화차(雨花茶)

(2) 차의 풍미 : 비취색에 향은 맑고 맛은 부드러우며 끝맛에 단맛이 난다.

(3) 용정차(龍井茶) : 중국을 대표하는 녹차의 하나이며 주산지가 중국 중부에 있는 항주지역으로 항주의 용정사라는 절에서 차가 재배되기 시작했다고 한다.

2) 황차(黃茶) : 발효도 10/20%

(1) 종류 : 군산은침(君山銀針)

(2) 차의 풍미 : 맛은 달고 부드러우며 청량감을 준다.

(3) 군산은침은 중국 호남성에 속한 군산섬에서 생산되는 차를 말한다. 군산은침은 생산량이 매우 적어 희소가치로 고가의 차이다. 차 맛이 매우 좋아 중국 황실에 진상품으로 공물하는 귀한 차로 유명하다

3) 백차(白茶) : 발효도 20/30%

(1) 종류 : 공미차(貢眉茶), 수미차(壽眉茶), 백호은침(白豪銀針)

(2) 차의 풍미 : 떫은맛이 없고 향이 깊고 여러 번 우려도 맛이 변함이 없다

(3) 백호은침(白豪銀針) : 백호은침은 중국 푸젠성 정화현에서 생산되는 백차로 중국 황제에게 진상했던 귀한 차이다. 백호은침은 백 가지 질병을 치료한다고 해서 붙여진 이름이다. 겉모양은 하얀 솜털이 송송하고 뾰족한 침처럼 생겨다고 해서 붙은 이름이라고도 한다.

4) 오룡차(烏龍茶) : 발효도 30/60%

(1) 종류 : 철관음(鐵觀音), 백호오룡(白毫烏龍)

(2) 차의 풍미 : 색은 광택이 나고 진한 녹색을 띠고 있다. 차향은 그윽하고 진하며, 탕색은 금색을 띠고 진하며 맑고 투명하다.

(3) 철관음(鐵觀音) : 철관음은 복건성 안계현을 중심으로 생산되는 차로서 오룡차를 만드는 차나무 품종의 이름을 따서 철관음이라고 한다.

5) 홍차(紅茶) : 발효도 80/90%

(1) 종류 : 기문홍차(祁門紅茶), 금호홍차(金毫紅茶)

(2) 차의 풍미 : 찻잎은 부드럽고 최상의 홍차 색깔이 있다.

(3) 기문홍차(祁門紅茶) : 중국 안휘성 황산 일대 기문 지역에서 재배되는 대표적인 공부홍차이며 기홍이라고도 한다. 공부홍차는 아주 정성 들여 만든 홍차라는 의미를 가지고 있다.

6) 흑차(黑茶) : 발효도 100%

(1) 종류 : 보이차(普洱茶), 육보차(六堡茶), 흑모차(黑毛茶)

(2) 차의 풍미 : 숙성되어 발효된 차로 은은한 쓴맛을 갖고 있다.

(3) 보이차(普洱茶) : 보이차는 중국 운남성 일대에서 나는 대엽종 쇄청모차를 원료로 하여 발효를 거쳐 만들어진 산차와 긴압차라고 정의한다. 보이차는 제조 기업에 따라 생차와 숙차로 나눈다. 생차는 쇄청모차를 증기압시킨 후 자연 발효시킨 차이며, 숙차는 쇄청모차를 발효시킨 후 증기압이나 쾌속 발효시켜 만든 차를 말한다. 위장에 좋은 차이다.

IX. 중국 술

1. 중국 술의 역사

중국 술은 기원전 4000년경 누룩을 사용해서 발효한 것이 시초이다. 조주 기술이 전파되어 중국 전역으로 전파되었다. 중국 술은 알코올 원료나 제조 방법에 따라 다양하며 지역적 환경을 바탕으로 양조 기술이 발달하였다. 중국 술은 크게 백주(白酒), 황주(黃酒)로 분류하며 기타 약주, 과실주 등이 있다

2. 백주(白酒)

백주는 수수, 옥수수, 밀 등의 곡물이 주원료로 알코올을 만든 후 맑고 투명한 증류주를 제조 후 알코올 도수를 높이기 위해 반복해서 증류하는 제조법으로 만든다. 일반적으로 알려진 중국 술의 대부분은 백주로 고량주, 모태주, 오량액, 수정방, 주귀주, 공부가주가 대표적이다.

1) 고량주(高粱酒)

수수를 원료로 하여 제조한 것을 고량주라 한다.

누룩의 재료는 대맥, 작은 콩이 일반적으로 사용되나 소맥, 메밀, 검은콩 등이 사용되는 경우도 있으며, 숙성 과정의 용기는 반드시 흙으로 만든 독을 사용한다. 색은 무색이며 장미향을 함유하는 경우도 있고, 고량주 특유의 강함이 있으며 독특한 맛으로 유명하다.

2) 모태주(茅台酒)

모태주는 귀주성 인회현에서 생산되는 술로서 800년의
역사가 있다.

생산지인 귀주성은 모태주의 특수한 자연환경과 기후조
건을 가지고 있다. 마오타이는 110여 가지에 달하는 향기
를 가지고 있으며, 마신 후 빈 잔에도 오랫동안 향기가 사
라지지 않는다. 향기 성분은 술의 제작 과정 중에서 향료
를 첨가하는 것이 아니라 전부 반복적인 발효 과정에서 자
연적으로 생기는 것이다. 술의 도수는 52~54도 사이를 유지하며, 중국의 유명한 술로 세
계 제2의 명주라고도 불린다.

3) 공부가주(公府家酒)

명대 때부터 공자 가문에서 만들었다는 술이다.

술을 빚기 위한 전통 비법은 공자께서 직접 연구한 끝에 만
든 것이라는 전설이 있다. 명대에 처음 나타난 이후 제사주로
쓰이다가 이후 곧 공자 가문에 드나드는 손님들을 접대하기
위한 연회주가 되었다고 한다.

4) 주귀주(酒鬼酒)

1970년대 중국 호남성 사시 동쪽 마왕추에서 2000년 전의
서한나라 옛 무덤을 발굴하여 천여 점의 진귀한 보물이 출
토되었다. 귀주는 바로 마왕추에서 나온 술이며 맛이 기가
막히게 좋았던 것으로 보아 진시황제가 즐겨 마시던 것으로
추정된다. 그 이후 이와 똑같은 술맛을 내기 위해 최고의 양
조기술과 최고의 원료를 사용하여 술을 개발하게 되었다.

그 결과 주귀주가 탄생하게 되었으며, 무덤에서 발굴된 술이라 하여 그 술 이름이 주귀가
된 것이다. 색, 향, 맛 모든 면에서 고대의 짙은 풍미를 갖추고 있으며 자연의 섭리와 인
간의 온갖 정성이 결합되어 만들어진 술이다.

5) 수정방(水晶坊)

고대 시안(市案) 서쪽 지역은 신선의 나라라고 여겨질 정도로 최고의 자연환경 덕분에 시한 시의 수정로에서 수많은 명주(名酒)를 생산해 냈는데, 그중 오늘날까지 유일하게 수정로에서 생산해 내고 있는 제품이 수정방이다. 중국에서는 국가 주요 역사 문화유적으로 지정되어 있으며, 이 수정방의 특징은 전통 증류주 제조법으로 고도의 순도를 지향하며 수백 년간 제조되어 왔다는 것이다. 수정처럼 맑고 은은하면서 고운 향이 장시간 지속되는 특징이 있다.

6) 황주(黃酒)

황주(黃酒)는 일반적으로 15~20도수로 황색을 띠며 윤기가 있다 해서 황주(黃酒)로 불린다. 황주의 특징은 백주 만드는 제조 과정과 다른 방법으로 제조한다. 황주는 주재료인 수수와 찹쌀에 촉매제를 이용하여 붉은빛을 띠고 향이 그윽하며 영양이 풍부하다. 주로 중국 북방 지방에서 식후주(食後酒)로 이용되었다. 대표적인 술로 소흥주가 있다.

7) 기타 약주

약주는 고량주나 무색의 알코올에 한방 약초 등을 사용하여 만든 배합주로 배합 재료에 따라 맛, 색, 효능이 여러 가지이나 대표적인 술로는 오가피나무의 껍질 등 10여 종의 약초를 고량에 넣어 만든 오가피주와 대나무 잎 등으로 만든 죽엽청주가 있다.

8) 죽엽청주(竹葉淸酒)

죽엽청주는 보리누룩을 발효시켜 증류한 후 독에 10년 동안 숙성시켜 대나무 잎과 각종 한약재를 첨가하여 죽엽청주를 만든다. 죽엽청주는 맛은 은근하며 대나무 향이 깊다. 혈액을 깨끗하게 하며 머리를 맑게 하는 술로 유명하다. 죽엽청주는 대만산을 으뜸으로 여긴다

〈북경 고량주〉   〈고량주〉   〈백간〉   〈연태고량〉

X. 조리용어

1. 재료를 써는 방법에 따른 용어

재료를 썰 때는 주재료를 써는 모양과 형태에 맞추어 부재료도 동일하게 함으로써 통일 감을 주며 서로 다른 재료를 하나의 요리로 만들어낼 수 있다.

편(片)피엔	재료를 얇게 써는 것이다. 칼을 눕혀서 손 앞쪽에서 끌어당기듯이 하여 저 민다. 죽순, 표고버섯, 양송이 등을 많이 이 방법으로 썬다
사(絲)쓰	채 써는 것처럼 가늘게 써는 것이다. 길이 5cm 정도의 편 모양으로 썰고 요 리에 따라 다양한 두께로 가늘게 채 썬다.
정(丁)띵	주사위 모양으로 써는 것이다. 가로세로 같은 크기로 정입방체 모양이다.
미(未)	쌀알 정도로의 크기로 잘게 써는 방법이다.
송(口)	마늘 생강 등을 다지는 방법이다.
정(整)티아오	사각형의 길쭉한 막대 모양으로 써는 것이다. 두께 7mm, 길이 6cm로 써 는 방법이다.
모어(未)	잘게 써는 것인데 얇게 저며서 채로 썬 후 잘게 썰면 모양이 나온다.
마이(馬耳)	채소의 둥근 것을 돌려가며 써는 방법이다.
팡싱콰이	2~2.5cm 정도의 각으로 막대기 형을 만든 후 다시 주사위 모양으로 써는 방법이다. 약 2cm 정도의 마름모꼴로 써는 방법이다.
콰이(塊)	한입 크기로 썬 것이다. 육류나 생선류 등에 많이 사용한다.

2. 조리 방법에 따른 조리용어

조리 방법에 따른 조리기술 용어를 정확하게 익혀 실제 조리할 때 활용하면 유용하다.

빠오(爆)	빠른 시간에 조리하는 것을 말한다. 식자재를 칼로 손질하여 편이나 채로 썰어 센 불이나 고온에서 빠른 속도로 조리하여 음식을 만드는 것을 '빠오'라고 한다. '빠오'는 중식 조리 시 가장 기본이 되는 방법이다.
차오(炒)	중국요리 조리 방법 가운데 가장 많이 사용하는 방법으로 식재료를 적당한 크기로 손질한 후 팬을 뜨겁게 한 후 기름을 이용하여 센 불에서 단시간에 볶아내는 방법이다. 채소볶음이나 해산물 요리할 때 많이 사용한다.
삐엔(邊)	'삐엔' 조리법은 시간을 갖고 천천히 요리하는 방법이다. 소량의 기름과 지극히 약한 불을 이용하여 재료를 팬에 넣고 국자로 저어가며 천천히 국물을 조리거나 혹은 재료를 보기 좋게 색깔을 내는 조리 방법이다. 중식요리 가운데 조림할 때 사용하는 조리 방법으로 홍소삼겹살이나 동파육 만들 때 사용한다.
먼(燜)	뚜껑을 닫고 약한 불로 끓이는 조리 방법이다. 재료를 손질하여 물이나 기름으로 튀긴 후 소량의 소금과 간장으로 간을 한 후 약한 불로 장시간 동안 삶아서 재료를 연하게 하여 즙이 마를 때까지 조리는 조리 방법이다.
펑(烹)	재료를 기름에 볶은 후 간장이나 기름을 다시 넣고 조리하는 방법이다. 이미 튀긴 것을 지지거나 볶아서 부재료를 넣고 조미한 후 센 불에서 저으며 국물이 줄면서 재료가 가지고 있는 깊은 맛을 우려내는 방법이다
카오(口)	직접 재료를 숯불이나 화덕에서 직화에서 조리하는 방법이다. 조리 시간은 재료의 크기와 특성에 따라 다르며 요리 방식은 재료의 표면이 바삭바삭하며 속살이 부드럽게 익히는 방법이다. 북경오리 만들 때 사용하는 조리 방법이다.
짜(炸)	기름에 튀기는 조리 방법이다. 오늘날 가장 많이 사용하는 조리 방법으로 재료를 기름에 튀겨 먹는 방법이다. 다량의 기름에 준비한 재료를 넣고 바삭하게 튀겨내는 조리 방법이다.

탕(湯)	생것 혹은 이미 조리한 재료를 끓는 육수나 물에 넣어서 익힌다. 건져낸 후 즙을 조미하여 먹거나 혹은 다른 부재료를 넣고 다른 조리 방법을 이용하여 조리하는 조리 방법이다.
쩡(蒸)	재료를 쪄서 조리하는 조리 방법이다. 수중기로 익히는 방법으로 솥에 물을 끓인 후 올라오는 수중기를 이용하여 손질한 신선한 재료나, 조리한 재료를 긴 시간을 통해 익히는 조리 방법이다.
찬(川)	생것 또는 이미 조미하여 적당한 크기로 썬 재료를 이미 끓은 탕 혹은 물속에 집어넣어 그것을 다시 삶아서 함께 조미하여 전부 꺼내는 조리법이다.
샤오(燒)	손질한 재료를 물 또는 육수를 붓고 약한 불로 장시간 끓이는 조리법이다. 재료를 푸욱 삶아서 육즙이 부드럽고 진하게 하는 조리법이다. 해삼탕, 삭스핀 요리에 많이 사용한다.
커우(口)	생것 혹은 이미 익힌 재료를 통째로 혹은 자른 후 그릇에 배열하여 조미료와 즙을 넣어 찜통 안에 넣고 쪄서 연해지면 다시 뒤집어 쟁반에 올려놓음으로써 그 형태가 반구 형태를 이루면서 깨끗하고 보기가 좋다. 많은 연회 요리에 이용한다.
동(洞)	덩어리로 자른 재료에 조미료와 육수를 붓고 삶아서 연하게 한 후 고기 껍질이 말랑말랑하게 젤라틴화 되면 재료를 냉각한 후 젤리를 만드는 조리 방법이다. 오향장육 각종 디저트 푸딩에 사용한다.
려우(溜)	기름에 튀겨 그 위에 소스를 끼얹는 조리법이다. 재료를 뜨거운 기름에 재료를 튀겨 여러 가지 조미료를 첨가하여 소스를 걸쭉하게 한 후 튀긴 재료 위에 소스를 끼얹는 방법이다.
빠(扒)	오랜 시간 재료를 끓인 후 물 전분으로 소스나 국물 등을 농후하게 하는 조리 방법이다.

3. 요리 형태에 따른 용어

중국요리는 메뉴판에 있는 표기를 보면 어떤 조리법을 이용하여 음식을 조리했는지를 알 수 있다.

완쯔(丸子)	고기 생선살 등을 잘게 다져서 둥글게 만든다.
빠오(包)	얇은 재료를 펴서 싸서 만든다.
파이꾸(口骨)	뼈가 있는 재료를 넣어서 만든다.
랑(釀)	재료의 속을 채워 만든다.
쥐(全)	재료를 말아서 만든다.
쳰(捲)	재료를 합해서 만든다.
핑삥(平餠)	둥글고 얇게 지져 만든다.
빠스 (拔絲)	설탕이나 물엿을 녹여서 코팅하여 만든다.

4. 재료의 배합에 따른 메뉴판 용어

훼이(會)	녹말을 연하게 풀어 넣어 만든다.
촨 (川)	찌개와 조림 같은 조리법으로 국물이 적고 건더기가 많게 만든다.
싼스(三絲)	세 가지 이상 재료를 채를 썰어 만든다.
싼시엔(川絲)	채소를 이용하여 재료 등을 싸서 만드는 방법
쓰바오(四寶)	네 가지 비싸고 귀한 재료를 이용하여 만드는 요리
빠빠오(八寶)	팔진을 이용하여 만드는 요리로 여덟 가지 귀한 재료로 만든 음식
쑤(酎)	술을 사용하여 만든 요리를 총칭
려우(溜)	달콤한 녹말 소스를 얹어 만든 것
용(茸)	아주 잘게 다져 만든 요리

XI. 중국요리 식재료

1. 채소류

채소	사진	영양가
고수 (Coriander)		중국 및 동남아 지역에서 가장 즐겨 먹는 향채이다. 고수 특유의 향이 있으며 식균작용으로 식중독 예방 효과가 있다.
죽순 (Bamboo sprout)		죽순은 대나무의 땅속줄기에서 돋아나는 연한 싹이다.
아스파라거스 (Asparagus)		숙취에 효과 좋은 아스파라긴산이 많이 함유하고 있어 아스파라가스라고 하며, 셀러드 볶음요리에 많이 사용한다.
청경채 (Pak choi)		중국 배추의 일종으로 중국요리에 약방의 감초처럼 많이 사용하고 있다.
양파 (Onion)		중국 사람들은 기름진 음식을 많이 섭취함에도 고혈압과 동맥경화 등 성인병에 걸리지 않은 것은 중국음식에 많이 들어가는 양파에 있는 페쿠친이라는 성분 때문이다. 양파의 매운맛은 알리신 성분이다.
대파 (Green Onion)		대파는 중국이 원산지인 향신채소이다. 생선 및 어패류의 비린 맛을 제거하는 데 사용한다. 파를 이용하여 파기름을 만들어 사용하며 대파는 양념으로 모든 요리에 들어간다.
생강 (Ginger)		인도가 원산지로 생강 특유의 매운맛이 있고 진저롤과 쇼가올 성분이 많다. 몸을 따뜻하게 하며 식균작용이 뛰어나 생선회나 매운탕에 사용되고 있다.

마늘 (Garlic)		백합과의 다년생 식물로서 알리신이 많이 함유되어 있다. 마늘은 몸을 따뜻하게 하며 말초혈관을 확장시켜 혈압을 내려주는 효과가 있다.
자연산 송이 (Pine mushroom)		자연에서 서식하며 소나무 뿌리에 기생하는 버섯균사체가 자연산 송이를 자라게 한다.
홍고추 (Red pepper)		고추는 열대 남미가 원산지로 비타민 A, C가 많이 함유하고 있으며 고추의 매운맛을 내는 캡사이신은 살균작용이 뛰어나다.
브로콜리 (Broccoli)		브로콜리 뜻은 파란색 곱슬머리란 뜻으로 지중해가 원산지이다. 브로커리는 비타민 C가 레몬의 2배로 감기 예방과 피부 건강에 효과적이며, 요즈음 해독주스에 꼭 들어가는 웰빙 채소이다.
표고버섯 (Black Mushroom)		표고버섯은 함암 성분과 빈혈 치료에 탁월하며 맛과 향도 뛰어나 중식요리에 감초가 존재이다.
목이버섯 (ear mushroom)		썩은 고목에서 기생하며 사람의 귀처럼 생겼다고 해서 목이버섯이라고 한다.
양송이 (Mushroom)		세계 각 나라에 널리 재배한는 식용버섯으로 버섯은 흰색이며 타원형 모양을 하고 있다. 비타민 D와 엽산이 함유하고 있으며 당뇨병 치료와 빈혈에 효능이 있다.

피망 (Pimento)		미국이 원산지이며 고추 종류의 채소이다. 피망은 다량의 비타민이 함유하고 있으며 고추잡채에 사용된다.
양배추 (Chinese cabbage)		양배추의 원산지는 지중해 연안이며 비타민 A, C와 식이섬유가 풍부하며, 필수 아미노산인 라이신이 많이 들어 있다. 양배추 즙은 위궤양과 통풍질환에 특효가 있다.
당근 (Carrot)		중국요리에는 장식을 할 때나 색깔 배합할 때 많이 사용한다.
가지 (Eggplant)		가지는 인도가 원산지이며 가지는 대부분이 수분으로 소량의 단백질과 탄수화물이 함유하고 있지만 기름을 사용하여 조리 시에는 질 좋은 콜레스테롤이 많은 요리로 변화되는 채소이다.
셀러리 (Celery)		셀러리는 미나리과 초본식물로 생즙으로 복용 시 혈액정화, 강장, 진정작용이 탁월하며 셀러리의 독특한 향은 소고기의 누린 맛을 제거하여 소고기 요리에 많이 사용한다.
고구마 (Sweet potato)		메꽃과 뿌리채소로 줄기나 뿌리로 번식하고 척박한 땅에서도 경작이 잘되는 구황작물이다. 고구마는 섬유질이 풍부하여 변비 환자나 다이어트하는 여성에게 좋은 식재료이다.

감자 (Potato)		감자는 가지과 다년생 줄기채소로 원산지는 남미 안데스 지역이다. 감자는 풍부한 녹말이 많아 중국요리에서는 농도 조절할 때 전분으로 가장 많이 사용한다. 술 주정 시 알코올의 주원료가 감자이다.
옥수수 (Corn)		멕시코가 원산지로 감자와 함께 인류의 식량 자원으로 인류의 기근을 해결하는 식량자원이다. 중국요리에서는 튀김요리 시 밀가루를 대신하여 반죽을 옥수수 전분을 많이 사용한다. 옥수수의 주성분은 탄수화물 단백질 지방으로 구성하고 있다.

2. 중국요리에 사용되는 해산물

해산물	사진	영양가
삭스핀 (Shark's Fin)		중국 3대 진미 중 하나로 중국어로는 '위츠'라고 한다.
해삼 (sea cucumber)		중국요리에는 말린 해삼을 여러 단계의 손질 과정을 통해 요리에 사용하고 있으며 색깔이 검고 가시돌기가 많은 것이 최상품이다.
전복 (Abalone)		중국요리에서는 활전복보다는 말린 전복을 많이 사용하고 있으며, 건조 과정에서 음식의 맛을 내는 아미노산이 풍부해진다.

관자 (Scallop)		요리에 따라 마른 관자, 냉동 관자, 생 관자 등 다양하게 사용하고 있다. 특히 관자를 우린 육수는 국물을 시원하게 하는 재료로 좋다.
새우 (Shrimp.prawn)		새우는 메타오닌, 라이신 등 우리 몸에 꼭 필요한 필수아마노산을 다량 함유하고 있으며, 새우 껍질에는 키토산 성분은 골다공증를 예방해 주며, 새우살에는 타우닌 성분이 있어 간을 해독시켜 준다.
게 (Crab)		게의 주성분은 단백질과 필수아미노산으로 어떤 요리든 맛이 뛰어나며, 게에는 다량의 타우린 성분이 있어 간 해독 능력에 탁월하며 성장기 학생들한테 좋은 식재료이다.
장어 (Eel)		장어에는 비타민 A, B 등이 많이 들어 여름철 몸 보양 식품으로 좋으며, 특히 장어에는 DHA. EPA 성분이 있어 뇌 기능을 활성화시키며 두뇌 발달에 좋다.
제비집 (Bird's Nest)		남중국, 동남아사아 바닷가에 사는 제비가 해초, 새우 등을 먹고 소화물질을 이용하여 만든 것으로 세계 3대 별미 가운데 하나이다. 품질에 따라 관연, 모연, 연사로 나누며 관연이 최상품이다.

3. 중국요리에 사용되는 조미료

재료	사진	영양가
굴소스(하오유) (oyster sauce)		생굴을 간장 등 조미료를 넣어 조린 후 발효시켜 전분 처리한 소스이다.
두반장 (도우반지앙)		메주콩을 발효시켜 고추을 첨가하여 만든 소스이다. 맛은 맵고 칼칼하다. 마파두부, 새우칠리 등에 사용하다
해선장 (하이시엔지앙)		새우, 조개, 관자 등 해산물을 주원료로 만든 소스로 단맛이 강하며 특히 북경오리 소스라고도 한다.
XO 소스 (XO 지앙)		마른 관자를 물에 불려 수증기에 찐 후 각종 양념을 넣어 만든 소스이다. 해산물 볶음, 채소볶음 등에 사용한다.
마늘 콩소스 (수안용 도우치 지앙)		두치콩 소스라고 하며 검정콩을 소금만 넣고 발효시켜 다량의 마늘로 볶아서 만든 소스이다. 닭고기요리, 소고기요리에 넣어 사용한다.
매실 (메이지앙)		매실, 생강, 고추, 계피 등을 첨가하여 만든 소스이다. 육류의 구이나 튀김요리에 사용한다.

2

중식조리 기능사 실기

경장육사 京醬肉絲, Jing jiang rou si

돼지고기를 얇게 채 썰어 볶은 후 춘장에 볶은 다음 채 썬 대파와 함께 꽃빵, 밀전병 등과 곁들어 먹는 음식이다. 짜장면의 원조가 되는 요리로 춘장의 짠맛과 매콤하고 아삭한 대파가 잘 조화되는 요리이다.

■ 요구사항

※ 주어진 재료를 사용하여 경장육사를 만드시오.

가. 돼지고기는 길이 5cm 정도의 얇은 채로 써시오.

나. 춘장은 충분히 볶아서 자장소스를 만드시오.

다. 대파 채는 길이 5cm 정도로 어슷하게 채 썰어 매운맛을 빼고 접시 위에 담으시오.

■ 수검자 요구사항

1) 돼지고기 채는 고기의 결을 따라 썰도록 한다.

2) 짜장소스는 죽순 채, 돼지고기 채와 함께 잘 섞어져야 한다.

3) 조리 작품 만드는 순서는 틀리지 않게 하여야 한다.

4) 숙련된 기능으로 맛을 내야 하므로 조리 작업 시 음식의 맛을 보지 않는다.

5) 지정된 수험자 지참 준비물 이외의 조리기구나 재료를 시험장 내에 지참할 수 없다.

6) 지급 재료는 시험 전 확인하여 이상이 있을 경우 시험위원으로부터 조치를 받고 시험도 중에 재료의 교환 및 추가 지급은 하지 않는다.

7) 다음과 같은 경우에는 **채점 대상에서 제외한다.**

　가) 시험 시간 내에 과제 두 가지를 제출하지 못한 경우 : 미완성

　나) 시험 시간 내에 제출된 과제라도 다음과 같은 경우

　　(1) 문제의 요구사항대로 작품의 수량이 만들어지지 않은 경우 : 미완성

　　(2) 해당 과제의 지급 재료 이외의 재료를 사용한 경우 : 오작

　　(3) 구이를 찜으로 조리하는 등과 같이 조리 방법을 다르게 한 경우 : 오작

　　(4) 불을 사용하여 만든 조리 작품이 작품 특성에 벗어나는 정도로 타거나 익지 않은 경우 : 실격

　　(5) 가스레인지 화구 2개 이상 사용한 경우 : 실격

　　(6) 시험 중 시설·장비(칼, 가스레인지 등) 사용 시 감독위원 및 타 수험자의 시험 진행에 위협이 될 것으로 감독위원 전원이 합의하여 판단한 경우 : 실격

8) 항목별 배점은 위생 상태 및 안전관리 5점, 조리기술 30점, 작품의 평가 15점이다.

■ 평가 (자기 평가/교수 평가)

분야	0~20	41~60	61~80	81~100	비고
안전	/	/	/	/	
위생	/	/	/	/	
조리기술	/	/	/	/	
작품평가	/	/	/	/	

Ingredient

돼지등심	150g	청주	30ml
죽순	100g	진간장	30ml
대파	3토막	녹말가루(감자전분)	50g
달걀	1개	참기름	5ml
춘장	50g	마늘	1쪽
식용유	300ml	생강	5g
백설탕	30g	육수 또는 물	30ml
굴소스	30ml		

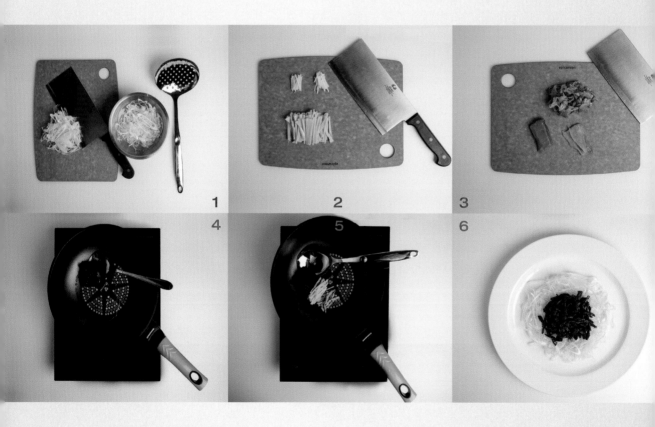

Mise en place

도구

칼, 도마, 채, 냄비, 프라이팬, 나무젓가락, 나무주걱,계량컵, 계량스푼

식재료

1. 대파는 5cm 정도로 어슷하게 채로 썰어 물에 담가 매운맛을 뺀다.
2. 마늘, 생강는 얇게 채 썬다.
3. 죽순은 석회질을 제거하여 5cm 정도로 채 썰어 뜨거운 물에 데친다.
4. 돼지고기는 핏물을 제거하여 5cm 정도의 얇은 채로 썬다.
5. 식용유에 춘장을 볶는다.

Method

1 대파 손질

대파를 깨끗이 세척한 후 길이 5cm 정도로 어슷하게 채를 썰어 물에 담가 매운맛을 뺀다.

2 채소 손질

① 죽순은 석회질을 제거하여 길이 5cm 정도로 채를 썰어 뜨거운 물에 데친다.
② 마늘, 생강은 얇게 채를 썬다.

3 돼지고기 손질/기름에 데치기

① 돼지고기는 핏물을 제거한 후 5cm 정도로 채를 썰어 간장, 청주, 전분, 달걀흰자를 이용하여 밑간을 한다.
② 팬에 기름을 누르고 밑간해 둔 돼지고기를 기름에 데친다.

4 춘장 볶기

① 팬에 기름을 넉넉히 두르고 춘장을 볶는다.
② 기름과 춘장이 골고루 섞이도록 나무주걱으로 자주 저어준다.

5 경장육사 만들기

① 팬에 기름을 두르고 마늘과 생강을 넣고 볶다가 춘장과 굴소스를 넣고 볶는다.
② 물을 붓고 청주, 간장, 설탕으로 간을 맞추고 데친 죽순과 돼지고기를 넣는다.
③ 끓인 후 물 전분으로 농도를 조절하고 참기름을 넣어 마무리한다.

6 그릇에 담기

접시에 파 채의 물기를 제거하여 새둥지 모양으로 담고 그 위에 경장육사를 올려 담는다.

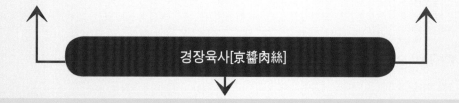

경장육사[京醬肉絲]

Formal

1. 짜장소스 : 춘장(1Ts), 굴소스(1/2Ts), 물(2Ts), 설탕(1Ts), 청주(1Ts)
2. 춘장 볶기 : 강한 불에서 춘장을 볶으면 쓴맛이 났다.
   중 불에서 약 2분 정도 서서히 볶다가 표면에 구멍이 많이 생기게 되면 완성된다.
3. 물 전분 만들기 : 물(2) : 전분(1)

능力단위 요소	중식볶음조리 경장육사

진단영역	진 단 문 항	매우 미흡	미흡	보통	우수	매우 우수
볶음 준비하기	1. 나는 볶음의 특성을 고려하여 적합한 재료를 선정할 수 있다.	①	②	③	④	⑤
	2. 나는 볶음 방법에 따른 조리용 매개체(물, 기름류, 양념류)를 이용하고 선정할 수 있다.	①	②	③	④	⑤
	3. 나는 각 재료를 볶음의 종류에 맞게 준비할 수 있다.	①	②	③	④	⑤
볶음 조리하기	1. 나는 재료를 볶음요리에 맞게 썰 수 있다.	①	②	③	④	⑤
	2. 나는 썰어진 재료를 조리 순서에 맞게 기름에 익히거나 물에 데칠 수 있다.	①	②	③	④	⑤
	3. 나는 화력의 강약을 조절하고 양념과 향신료를 첨가하여 볶음 요리를 할 수 있다.	①	②	③	④	⑤
	4. 나는 메뉴별 표준조리법에 따라 전분을 이용하여 볶음요리의 농도 를 조절할 수 있다.	①	②	③	④	⑤
볶음 완성하기	1. 나는 볶음요리의 종류와 제공방법에 따른 그릇을 선택할 수 있다.	①	②	③	④	⑤
	2. 나는 메뉴에 따라 어울리는 기초 장식을 할 수 있다.	①	②	③	④	⑤
	3. 나는 메뉴의 표준조리법에 따라 볶음요리를 담을 수 있다.	①	②	③	④	⑤

[진단 결과]

진단영역	문항 수	점수	점수 ÷ 문항 수
볶음 준비하기	3		
볶음 조리하기	4		
볶음 완성하기	3		
합 계	10		

※ 자신의 점수를 문항 수로 나눈 값이 '3점'이하에 해당하는 영역은 업무를 성공적으로 수행하는데 요구되는 능력이 부족한 것으로 교육훈련이나 개인학습을 통한 개발이 필요함.

【자기 진단 평가표】

이　름		능력단위명	경장육사 조리
평가일자		201 년　　　월　　　일	

지난 주 수업 내용의 핵심 단어는?

　

학습 목표는?

　

수업을 통해 할 수 있게 된 조리기술은?

　

수업에서 부족했던 조리기술은?

　

부족했던 조리기술을 보완하기 위해 어떻게 할 것인지 구체적으로 기술하시오.

　

스스로 돌아보기

문항	매우우수	우수	노력요함
수업을 위해 다양한 자료를 찾아보았나요?			
수업에 적극적으로 참여했나요?			
요리를 보다 더 잘 할 수 있도록 노력하였나요?			
그렇게 생각한 이유			

실습 후 작품 사진	작품 설명

고추잡채
靑椒肉絲, Qing jiao rou si

고추(피망)잡채는 고추와 돼지고기를 채로 썰어 프라이팬에 볶아 먹는 요리로 주로 중국에서는 화권이라는 꽃빵과 같이 먹는다. 중국요리에는 잡채의 뜻은 재료를 채로 썰어 볶아서 만든 요리를 잡채라고 한다.

■ 요구사항

※ 주어진 재료를 사용하여 고추잡채를 만드시오.

가. 주재료 피망과 고기는 5cm 정도의 채로 써시오.

나. 고기에 초벌 간을 하시오.

■ 수검자 요구사항

1) 팬이 완전히 달구어진 다음 기름을 둘러 범랑 처리(코팅)를 하여야 한다.

2) 피망의 색깔이 선명하도록 너무 볶지 말아야 한다.

3) 조리 작품 만드는 순서는 틀리지 않게 하여야 한다.

4) 숙련된 기능으로 맛을 내야 하므로 조리 작업 시 음식의 맛을 보지 않는다.

5) 지정된 수험자 지참 준비물 이외의 조리기구나 재료를 시험장 내에 지참할 수 없다.

6) 지급 재료는 시험 전 확인하여 이상이 있을 경우 시험위원으로부터 조치를 받고 시험도 중에는 재료의 교환 및 추가 지급은 하지 않는다.

7) 다음과 같은 경우에는 **채점 대상에서 제외한다.**

   가) 시험 시간 내에 과제 두 가지를 제출하지 못한 경우 : 미완성

   나) 시험 시간 내에 제출된 과제라도 다음과 같은 경우

     (1) 문제의 요구사항대로 작품의 수량이 만들어지지 않은 경우 : 미완성

     (2) 해당 과제의 지급 재료 이외의 재료를 사용한 경우 : 오작

     (3) 구이를 찜으로 조리하는 등과 같이 조리 방법을 다르게 한 경우 : 오작

     (4) 불을 사용하여 만든 조리 작품이 작품 특성에 벗어나는 정도로 타거나 익지 않은 경우 : 실격

     (5) 가스레인지 화구 2개 이상 사용한 경우 : 실격

     (6) 시험 중 시설 · 장비(칼, 가스레인지 등) 사용 시 감독위원 및 타 수험자의 시험 진행에 위협이 될 것으로 감독위원 전원이 합의하여 판단한 경우 : 실격

8) 항목별 배점은 위생 상태 및 안전관리 5점, 조리기술 30점, 작품의 평가 15점이다.

■ 평가 (자기 평가/교수 평가)

분야	0~20	41~60	61~80	81~100	비고
안전	/	/	/	/	
위생	/	/	/	/	
조리기술	/	/	/	/	
작품평가	/	/	/	/	

Ingredient

돼지등심	100g	식용유	45ml
청주	5ml	소금	5g
녹말가루(감자전분)	15g	진간장	15ml
청피망	1개		
달걀	1개		
죽순	30g		
건표고버섯	2개		
양파	1/2개		
참기름	5ml		

Mise en place

도구

칼, 도마, 냄비, 채, 나무젓가락, 프라이팬

식재료

1. 피망은 세척하여 이등분하고 씨와 속살을 제거 후 길이 5cm정도의 채로 썬다.
2. 양파, 죽순, 표고버섯은 길이 5cm 정도 채를 썬다.
3. 돼지고기는 결 방향으로 5cm 채로 썬다.

Method

1 물 올리기
① 냄비에 물을 붓고 불에 올린다. 표고버섯은 따뜻한 물에 불린다.
② 죽순은 석회질을 제거하고 물에 세척한다.

2 채소 손질
① 피망은 손질하여 길이 5cm 정도로 채를 썬다.
② 양파는 길이 5cm 정도 채를 썬다.
③ 표고버섯과 죽순은 길이 5cm 정도 채를 썰어 뜨거운 물에 데친다.

3 돼지고기 손질
① 돼지고기는 핏물을 제거한 후 길이 5cm 정도 채를 썬다.
② 돼지고기에 청주, 소금, 전분, 달걀흰자를 넣고 초벌 간을 한다.

4 돼지고기 데치기
① 팬에 식용유를 충분히 두르고 밑간한 돼지고기를 넣고 데쳐준다.
② 서로 달라붙지 않게 나무젓가락으로 잘 풀어준다.

5 고추잡채 만들기
① 팬에 식용유를 두르고 대파를 넣고 볶은 후 간장, 청주를 넣는다.
② 양파, 죽순, 표고버섯을 넣고 빠른 동작으로 채소를 볶는다.
③ 피망과 데친 돼지고기를 넣고 소금으로 간을 한다.

6 담기
① 완성한 고추잡채에 참기름을 넣고 섞어준다.
② 보기 좋게 그릇에 담는다.

고추잡채[靑椒肉絲]

Formal

1. 돼지고기는 절대로 잘라야 부서지지 않는다.
   돼지고기 초벌 간하기 : 간장, 청주, 달걀흰자, 소금, 전분
2. 피망(청고추) 오래 볶으면 색이 변함으로 빠른 동작으로 짧은 시간에 볶는다.
3. 프라이팬은 코팅한 후 사용해야 한다.

진단영역	진 단 문 항	매우 미흡	미흡	보통	우수	매우 우수
볶음 준비하기	1. 나는 볶음의 특성을 고려하여 적합한 재료를 선정할 수 있다.	①	②	③	④	⑤
	2. 나는 볶음 방법에 따른 조리용 매개체(물, 기름류, 양념류)를 이용하고 선정할 수 있다.	①	②	③	④	⑤
	3. 나는 각 재료를 볶음의 종류에 맞게 준비할 수 있다.	①	②	③	④	⑤
볶음 조리하기	1. 나는 재료를 볶음요리에 맞게 썰 수 있다.	①	②	③	④	⑤
	2. 나는 썰어진 재료를 조리 순서에 맞게 기름에 익히거나 물에 데칠 수 있다.	①	②	③	④	⑤
	3. 나는 화력의 강약을 조절하고 양념과 향신료를 첨가하여 볶음 요리를 할 수 있다.	①	②	③	④	⑤
	4. 나는 메뉴별 표준조리법에 따라 전분을 이용하여 볶음요리의 농도 를 조절할 수 있다.	①	②	③	④	⑤
볶음 완성하기	1. 나는 볶음요리의 종류와 제공방법에 따른 그릇을 선택할 수 있다.	①	②	③	④	⑤
	2. 나는 메뉴에 따라 어울리는 기초 장식을 할 수 있다.	①	②	③	④	⑤
	3. 나는 메뉴의 표준조리법에 따라 볶음요리를 담을 수 있다.	①	②	③	④	⑤

[진단 결과]

진단영역	문항 수	점 수	점수 ÷ 문항 수
볶음 준비하기	3		
볶음 조리하기	4		
볶음 완성하기	3		
합 계	10		

※ 자신의 점수를 문항 수로 나눈 값이 '3점' 이하에 해당하는 영역은 업무를 성공적으로 수행하는데 요구되는 능력이 부족한 것으로 교육훈련이나 개인학습을 통한 개발이 필요함.

【자기 진단 평가표】

이 름		능력단위명	고추잡채 조리
평가일자		201 년 월 일	

지난 주 수업 내용의 핵심 단어는?

학습 목표는?

수업을 통해 할 수 있게 된 조리기술은?

수업에서 부족했던 조리기술은?

부족했던 조리기술을 보완하기 위해 어떻게 할 것인지 구체적으로 기술하시오.

스스로 돌아보기

문항	매우우수	우수	노력요함
수업을 위해 다양한 자료를 찾아보았나요?			
수업에 적극적으로 참여했나요?			
요리를 보다 더 잘 할 수 있도록 노력하였나요?			
그렇게 생각한 이유			

실습 후 작품 사진	작품 설명

깐풍기

干烹鷄, Gan peng ji

한입 크기로 닭고기를 자른 후 양념하여 바삭하게 튀겨 매콤달콤한 깐풍기 소스에 버무린 요리이다.
깐풍(干烹), 국물 없이 마르게 한다는 조리용어이며 기(鷄), 닭고기라는 뜻이다.

■ 요구사항

※ 주어진 재료를 사용하여 깐풍기를 만드시오.

가. 닭은 뼈를 발라낸 후 사방 3cm 정도 사각형으로 써시오.

나. 닭을 튀기기 전에 튀김옷을 입히시오.

■ 수검자 요구사항

1) 프라이팬에 소스와 혼합할 때 타지 않도록 하여야 한다.

2) 잘게 썬 채소의 비율이 동일하여야 한다.

3) 조리 작품 만드는 순서는 틀리지 않게 하여야 한다.

4) 숙련된 기능으로 맛을 내야 하므로 조리 작업 시 음식의 맛을 보지 않는다.

5) 지정된 수험자 지참 준비물 이외의 조리기구나 재료를 시험장 내에 지참할 수 없다.

6) 지급 재료는 시험 전 확인하여 이상이 있을 경우 시험위원으로부터 조치를 받고 시험도 중에는 재료의 교환 및 추가 지급은 하지 않는다.

7) 다음과 같은 경우에는 **채점 대상에서 제외**한다.

　가) 시험 시간 내에 과제 두 가지를 제출하지 못한 경우 : 미완성

　나) 시험 시간 내에 제출된 과제라도 다음과 같은 경우

　　(1) 문제의 요구사항대로 작품의 수량이 만들어지지 않은 경우 : 미완성

　　(2) 해당 과제의 지급 재료 이외의 재료를 사용한 경우 : 오작

　　(3) 구이를 찜으로 조리하는 등과 같이 조리 방법을 다르게 한 경우 : 오작

　　(4) 불을 사용하여 만든 조리 작품이 작품 특성에 벗어나는 정도로 타거나 익지 않은 경우 : 실격

　　(5) 가스레인지 화구 2개 이상 사용한 경우 : 실격

　　(6) 시험 중 시설ㆍ장비(칼, 가스레인지 등) 사용 시 감독위원 및 타 수험자의 시험 진행에 위협이 될것으로 감독위원 전원이 합의하여 판단한 경우 : 실격

8) 항목별 배점은 위생 상태 및 안전관리 5점, 조리기술 30점, 작품의 평가 15점이다.

■ 평가 (자기 평가/교수 평가)

분야	0~20	41~60	61~80	81~100	비고
안전	/	/	/	/	
위생	/	/	/	/	
조리기술	/	/	/	/	
작품평가	/	/	/	/	

Ingredient

닭다리	1개	마늘	3쪽
진간장	15ml	대파	2토막
검은 후춧가루	1g	청피망	1/2개
청주	15ml	홍고추(생)	1개
달걀	1개	생강	5g
백설탕	15g	참기름	5ml
녹말가루(감자전분)	150g	식용유	800ml
육수 또는 물	45ml	소금	10g
식초	15ml		

1
2
3
4
5
6

Mise en place

도구

칼, 도마, 채, 튀김냄비, 프라이팬, 계량컵, 계량스푼

식재료

1. 튀김용 전분 만든다.
2. 홍고추, 청피망, 대파, 마늘, 생강은 0.5 × 0.5cm로 일정하게 썬다.
3. 닭 손질하기 : 기름을 떼고 → 뼈를 제거한 후 사방 3cm 정도 사각형으로 썬다.

Method

1 튀김 전분 만들기

물과 전분을 같은 양으로 넣어 튀김용 전분을 만든다.

2 채소 손질

① 홍고추는 가로세로 0.5cm 정도로 썬다.
② 청피망은 가로세로 0.5cm 정도로 썬다.
③ 대파는 굵게 다진다.
④ 마늘, 생강은 0.5cm로 다진다.

3 닭 손질

닭은 가로세로 3cm 정도의 크기로 썬 다음 간장, 소금, 청주로 밑간하여 달걀과 불린 전분으로 반죽한다.

4 닭 튀기기

① 튀김용 기름 온도가 오르면 버무린 닭을 넣고 1차로 튀긴다.
② 다시 기름 온도가 오르면 2차로 닭고기를 한 번 더 넣고 튀긴다.

5 깐풍소스 만들기

① 팬에 기름을 두르고 마늘, 대파, 생강을 넣고 재빨리 볶는다.
② 물, 간장, 식초, 청주를 넣고 끓여 깐풍소스를 만든다.

6 담기

깐풍소스에 튀긴 닭과 홍고추, 청피망을 넣고 양념이 고루 섞이게 한 후 참기름을 넣고 그릇에 담는다.

깐풍기[干烹鷄]

Formal

1. 각 채소는 비율이 동일하게 준비한다.
2. 깐풍소스 : 물(3Ts), 간장(1Ts), 식초 (1Ts), 설탕 (1Ts)
3. 닭은 뼈를 발라낸 후 3cm 정도의 사각형으로 써시오
4. 홍고추, 청피망을 오래 조리하여 색이 변하지 않도록 주의한다.
5. 닭고기를 첫 번째는 160℃에서 튀기고, 두 번째는 180~200℃에 튀겨야 바삭하게 튀겨진다.

능력단위 요소	중식 튀김조리 깐풍기

진단영역	진 단 문 항	매우 미흡	미흡	보통	우수	매우 우수
튀김 준비하기	1. 나는 튀김의 특성을 고려하여 적합한 재료를 선정할 수 있다.	①	②	③	④	⑤
	2. 나는 각 재료를 튀김의 종류에 맞게 준비할 수 있다.	①	②	③	④	⑤
	3. 나는 튀김의 재료에 따라 온도를 조정할 수 있다.	①	②	③	④	⑤
튀김 조리하기	1. 나는 재료를 튀김요리에 맞게 썰 수 있다.	①	②	③	④	⑤
	2. 나는 용도에 따라 튀김옷 재료를 준비할 수 있다.	①	②	③	④	⑤
	3. 나는 조리재료에 따라 기름의 종류, 양과 온도를 조절할 수 있다.	①	②	③	④	⑤
	4. 나는 재료 특성에 맞게 튀김을 할 수 있다.	①	②	③	④	⑤
튀김 완성하기	1. 나는 튀김요리의 종류에 따라 그릇을 선택할 수 있다.	①	②	③	④	⑤
	2. 나는 튀김요리에 어울리는 기초 장식을 할 수 있다.	①	②	③	④	⑤
	3. 나는 표준조리법에 따라 색깔, 맛, 향, 온도를 고려하여 튀김요리를 담을 수 있다.	①	②	③	④	⑤

[진단 결과]

진단영역	문항 수	점 수	점수 ÷ 문항 수
튀김 준비하기	3		
튀김 조리하기	5		
튀김 완성하기	3		
합 계	11		

※ 자신의 점수를 문항 수로 나눈 값이 '3점' 이하에 해당하는 영역은 업무를 성공적으로 수행하는데 요구되는 능력이 부족한 것으로 교육훈련이나 개인학습을 통한 개발이 필요함.

【자기 진단 평가표】

이 름		능력단위명	깐풍기 조리
평가일자	201 년 월 일		

지난 주 수업 내용의 핵심 단어는?

학습 목표는?

수업을 통해 할 수 있게 된 조리기술은?

수업에서 부족했던 조리기술은?

부족했던 조리기술을 보완하기 위해 어떻게 할 것인지 구체적으로 기술하시오.

스스로 돌아보기

문항	매우우수	우수	노력요함
수업을 위해 다양한 자료를 찾아보았나요?			
수업에 적극적으로 참여했나요?			
요리를 보다 더 잘 할 수 있도록 노력하였나요?			
그렇게 생각한 이유			

실습 후 작품 사진	작품 설명

난자완스

南煎丸子, Nan jian wan zi

다진 돼지고기를 양념하여 납작하게 완자를 만들어 기름에 노릇하게 지져서 각종 채소와 볶아서 만든 음식이다.
난자완스 뜻은 '중국 남쪽 지방에 둥글납작하게 해서 먹는 고기요리'라는 뜻이다.

■ 요구사항

※ 주어진 재료를 사용하여 다음과 같이 난자완스를 만드시오.

가. 완자는 직경 4cm 정도로 둥글고 납작하게 만드시오.

나. 채소 크기는 4cm 정도 크기의 편으로 써시오. (단, 대파는 3cm 정도)

■ 수검자 요구사항

1) 소스 녹말가루 농도에 유의한다.

2) 맛은 시고 단맛이 동일하여야 한다.

3) 조리 작품 만드는 순서는 틀리지 않게 하여야 한다.

4) 숙련된 기능으로 맛을 내야 하므로 조리 작업 시 음식의 맛을 보지 않는다.

5) 지정된 수험자 지참 준비물 이외의 조리기구나 재료를 시험장 내에 지참할 수 없다.

6) 지급 재료는 시험 전 확인하여 이상이 있을 경우 시험위원으로부터 조치를 받고 시험도 중에는 재료의 교환 및 추가 지급은 하지 않는다.

7) 다음과 같은 경우에는 **채점 대상에서 제외한다.**

　가) 시험 시간 내에 과제 두 가지를 제출하지 못한 경우 : 미완성

　나) 시험 시간 내에 제출된 과제라도 다음과 같은 경우

　　(1) 문제의 요구사항대로 작품의 수량이 만들어지지 않은 경우 : 미완성

　　(2) 해당 과제의 지급 재료 이외의 재료를 사용한 경우 : 오작

　　(3) 구이를 찜으로 조리하는 등과 같이 조리 방법을 다르게 한 경우 : 오작

　　(4) 불을 사용하여 만든 조리 작품이 작품 특성에 벗어나는 정도로 타거나 익지 않은 경우 : 실격

　　(5) 가스레인지 화구 2개 이상 사용한 경우 : 실격

　　(6) 시험 중 시설 · 장비(칼, 가스레인지 등) 사용 시 감독위원 및 타 수험자의 시험 진행에 위협이 될 것으로 감독위원 전원이 합의하여 판단한 경우 : 실격

8) 항목별 배점은 위생 상태 및 안전관리 5점, 조리기술 30점, 작품의 평가 15점이다.

■ 평가 (자기 평가/교수 평가)

분야	0~20	41~60	61~80	81~100	비고
안전	/	/	/	/	
위생	/	/	/	/	
조리기술	/	/	/	/	
작품평가	/	/	/	/	

Ingredient

Mise en place

칼, 도마, 채, 냄비, 튀김냄비, 계량컵, 계량스푼

식재료

1. 마늘, 생강 1/2은 다지고, 1/2의 마늘, 생강은 편으로 썬다.
2. 대파 1/2은 다지고, 1/2은 3cm 정도의 편으로 썬다.
3. 죽순, 표고버섯, 청경채는 길이 4cm, 폭 2cm 편으로 썬다.
4. 돼지고기는 핏물을 제거하고 곱게 다진다.

Method

1 물 끓이기

① 냄비에 물을 담아 불을 올린다.
② 표고버섯은 따뜻한 물에 불리고 죽순은 석회질을 제거한다.

2 채소 손질

① 죽순과 청경채는 길이가 4cm, 폭 2cm 편으로 썬다.
② 불린 표고버섯은 기둥을 떼고 길이 4cm, 폭 2cm 편으로 썬다.
③ 파, 마늘, 생강은 각각 1/2은 다지고 1/2은 편으로 썬다.
④ 물이 끓으면 죽순, 표고버섯, 청경채를 데친다.

3 돼지고기 손질/물 전분 만들기

① 돼지고기는 핏물을 제거하고 곱게 다진다.
② 다진 돼지고기에 완자 양념(formal 참고)을 넣고 반죽하여 직경 4cm 정도로 둥굴 납작하게 완자를 만든다.
③ 물 전분을 만든다.

4 난자완스 지지기

① 팬에 기름을 충분히 두르고 완자를 넣고 앞뒷면이 노릇노릇하게 지진다.
② 중 불에서 난자완스가 속까지 익도록 천천히 익혀준다.

5 소스 만들기

① 팬을 기름을 두르고 대파, 마늘, 생강을 넣고 볶다가 간장, 청주를 넣고 죽순, 표고버섯을 넣고 빠르게 볶는다.
② 물 1컵을 붓고 소금으로 간을 맞춘 후 끓어오르면 물 전분으로 농도를 맞춘다.
③ 데친 청경채와 지진 완자를 넣고 고루 섞어 익힌다.

6 담기

완성한 난자완스에 참기름을 넣고 완성하여 그릇에 담는다.

난자완스[南煎丸子]

Formal

1. 완자 양념 : 다진 파, 마늘, 생강, 간장, 청주, 후추, 달걀, 소금, 전분
2. 완자는 직경 4cm 정도로 둥글고 납작하게 한다. 반죽한 돼지고기를 손에 쥐고 엄지와 검지손가락 사이로 직경 3cm로 동그랗게 짜내어 기름에 넣고 주걱으로 눌러서 지름 4cm의 납작한 완자 모양으로 익힌다.
3. 완자가 속까지 익도록 중불에서 천천히 익힌다.
4. 물 전분 만든다 : 물(2) : 전분(1)

능력단위 요소	중식 조림조리 난자완스

진단영역	진 단 문 항	매우 미흡	미흡	보통	우수	매우 우수
조림 준비하기	1. 나는 조림의 특성을 고려하여 적합한 재료를 선정할 수 있다.	①	②	③	④	⑤
	2. 나는 각 재료를 조림의 종류에 맞게 준비할 수 있다.	①	②	③	④	⑤
	3. 나는 조림의 종류에 맞게 도구를 선택할 수 있다.	①	②	③	④	⑤
조림 조리하기	1. 나는 재료를 각 조림요리의 특성에 맞게 손질할 수 있다.	①	②	③	④	⑤
	2. 나는 손질한 재료를 기름에 익히거나 물에 데칠 수 있다.	①	②	③	④	⑤
	3. 나는 조림조리를 위해 화력을 강약으로 조절할 수 있다.	①	②	③	④	⑤
	4. 나는 조림에 따라 양념과 향신료를 사용할 수 있다.	①	②	③	④	⑤
	5. 나는 조림요리 특성에 따라 전분으로 농도를 조절하여 완성할 수 있다.	①	②	③	④	⑤
조림 완성하기	1. 나는 조림 요리의 종류에 따라 그릇을 선택할 수 있다.	①	②	③	④	⑤
	2. 나는 조림 요리에 어울리는 기초 장식을 할 수 있다.	①	②	③	④	⑤
	3. 나는 표준조리법에 따라 색깔, 맛, 향, 온도를 고려하여 조림요리를 담을 수 있다	①	②	③	④	⑤
	4. 나는 도구를 사용하여 적합한 크기로 요리를 잘라 제공할 수 있다.	①	②	③	④	⑤

[진단 결과]

진단영역	문항 수	점 수	점수 ÷ 문항 수
조림 준비하기	3		
조림 조리하기	5		
조림 완성하기	4		
합 계	12		

※ 자신의 점수를 문항 수로 나눈 값이 '3점'이하에 해당하는 영역은 업무를 성공적으로 수행하는데 요구되는 능력이 부족한 것으로 교육훈련이나 개인학습을 통한 개발이 필요함.

【자기 진단 평가표】

이　름		능력단위명	난자완스 조리
평가일자		201 년　　　월　　　일	

지난 주 수업 내용의 핵심 단어는?

학습 목표는?

수업을 통해 할 수 있게 된 조리기술은?

수업에서 부족했던 조리기술은?

부족했던 조리기술을 보완하기 위해 어떻게 할 것인지 구체적으로 기술하시오.

스스로 돌아보기

문항	매우우수	우수	노력요함
수업을 위해 다양한 자료를 찾아보았나요?			
수업에 적극적으로 참여했나요?			
요리를 보다 더 잘 할 수 있도록 노력하였나요?			
그렇게 생각한 이유			

실습 후 작품 사진	작품 설명

라조기

辣椒鷄, La jiao ji

닭고기를 가늘게 썰어 튀김옷을 입힌 후 기름에 튀겨 고추기름에 각종 채소를 넣어 볶은 매운 소스에 버무린 닭고기 음식이다. 라조기의 뜻은 매운 닭고기이다.

■ 요구사항

※ 주어진 재료를 사용하여 다음과 같이 라조기를 만드시오.

　가. 닭은 뼈를 발라낸 후 5×1cm 정도의 길이로 써시오.

　나. 채소는 5×2cm 정도의 길이로 써시오.

■ 수검자 요구사항

1) 소스 농도에 유의한다.

2) 채소 색이 퇴색되지 않도록 한다.

3) 조리 작품 만드는 순서는 틀리지 않게 하여야 한다.

4) 숙련된 기능으로 맛을 내야 하므로 조리 작업 시 음식의 맛을 보지 않는다.

5) 지정된 수험자 지참 준비물 이외의 조리기구나 재료를 시험장 내에 지참할 수 없다.

6) 지급 재료는 시험 전 확인하여 이상이 있을 경우 시험위원으로부터 조치를 받고 시험도 중에 재료의 교환 및 추가 지급은 하지 않는다.

7) 다음과 같은 경우에는 **채점 대상에서 제외한다.**

　가) 시험 시간 내에 과제 두 가지를 제출하지 못한 경우 : 미완성

　나) 시험 시간 내에 제출된 과제라도 다음과 같은 경우

　　(1) 문제의 요구사항대로 작품의 수량이 만들어지지 않은 경우 : 미완성

　　(2) 해당 과제의 지급 재료 이외의 재료를 사용한 경우 : 오작

　　(3) 구이를 찜으로 조리하는 등과 같이 조리 방법을 다르게 한 경우 : 오작

　　(4) 불을 사용하여 만든 조리 작품이 작품 특성에 벗어나는 정도로 타거나 익지 않은 경우 : 실격

　　(5) 가스레인지 화구 2개 이상 사용한 경우 : 실격

　　(6) 시험 중 시설·장비(칼, 가스레인지 등) 사용 시 감독위원 및 타 수험자의 시험 진행에 위험이 될 것으로 감독위원 전원이 합의하여 판단한 경우 : 실격

8) 항목별 배점은 위생 상태 및 안전관리 5점, 조리기술 30점, 작품의 평가 15점이다.

■ 평가 (자기 평가/교수 평가)

분야	0~20	41~60	61~80	81~100	비고
안전	/	/	/	/	
위생	/	/	/	/	
조리기술	/	/	/	/	
작품평가	/	/	/	/	

Ingredient

닭다리	1개	달걀	1개
죽순	50g	진간장	30ml
건표고버섯	1개	소금	5g
홍고추(건)	1개	청주	15ml
양송이(통조림)	1개	녹말가루(감자전분)	100g
청피망	1/3개	고추기름	10ml
청경채	1포기	식용유	900ml
생강	5g	육수 또는 물	200ml
대파	2토막	검은 후춧가루	1g
마늘	1쪽		

1 2
3 4 5

Mise en place

도구

칼, 도마, 튀김냄비, 채, 프라이팬, 계량컵, 계량스푼

식재료

■ 채소 손질하기

1. 죽순 : 석회질 제거하고 5×2cm 빗살무늬 살려서 썬다.
2. 표고버섯 : 5×2cm로 썬다.
3. 홍고추, 청피망 : 씨, 속심 제거하고 5×2cm 로 썬다.
4. 청경채 : 5×2cm로 썬다.
5. 양송이 : 0.3cm 정도로 편으로 썬다.
6. 대파 : 반으로 갈라 길이 3cm, 폭 1cm 편으 로 썬다.
7. 마늘과 생강은 편으로 썬다.

■ 닭 손질하기

뼈를 발라낸 후 5×1cm로 썬다.

Method

1 튀김용 전분 만들기
물과 전분을 같은 양으로 넣어서 튀김용 전분을 만든다.

2 채소 손질
① 대파는 길이 3cm, 폭 1cm 편으로 썬다.
② 마늘과 생강은 편으로 썬다.
③ 청피망, 홍고추, 청경채, 죽순, 표고버섯은 길이 5cm, 폭 2cm 편으로 썬다.
④ 양송이는 두께 0.3cm 편으로 썬다.

3 닭손질
① 손질한 닭은 길이 5cm, 두께 1cm로 썰어 소금, 간 장, 청주로 밑간을 한 다음 달걀과 전분을 넣고 반죽 을 한다.
② 물 전분을 만든다.

4 닭 튀기기
① 튀김 냄비에 기름 온도가 오르면 반죽한 닭고기를 넣고 튀긴다.
② 다시 기름 온도가 오르면 2차로 닭을 한 번 더 튀겨준다.

5 라조기소스 만들기
① 팬에 고추기름을 두르고 대파, 마늘, 생강을 넣고 볶 은 후 간장과 청주를 넣는다.
② 홍고추, 죽순, 청경채, 표고버섯을 넣고 빠르게 볶다 가 물 1컵을 붓고 간장, 소금으로 간을 맞춘 후 끓으 면 물 전분으로 농도를 맞춘다.

6 버무리기
① 위에 튀겨진 닭고기를 소스에 넣고 잘 버무려지도록 섞는다.
② 참기름을 넣고 마무리한 후 완성 그릇에 담는다.

라조기[辣椒鷄]

Formal

1. 라조기소스 : 고추기름(1Ts), 파, 마늘, 생강, 간장(1Ts), 청주
2. 튀김용 전분 : 물=전분 동량으로 섞어둔다 → 전분이 가라앉으면 윗물 따라내고 사용한다.
3. 물 전분 : 물(2) : 전분(1)로 섞어서 농도를 낼 때 사용한다.
4. 닭 양념 : 닭, 간장, 소금, 청주, 달걀, 전분
※ 채소의 색이 퇴색되지 않도록 한다.

능력단위 요소	중식 튀김조리 라조기

진단영역	진 단 문 항	매우 미흡	미흡	보통	우수	매우 우수
튀김 준비하기	1. 나는 튀김의 특성을 고려하여 적합한 재료를 선정할 수 있다.	①	②	③	④	⑤
	2. 나는 각 재료를 튀김의 종류에 맞게 준비할 수 있다.	①	②	③	④	⑤
	3. 나는 튀김의 재료에 따라 온도를 조정할 수 있다.	①	②	③	④	⑤
튀김 조리하기	1. 나는 재료를 튀김요리에 맞게 썰 수 있다.	①	②	③	④	⑤
	2. 나는 용도에 따라 튀김옷 재료를 준비할 수 있다.	①	②	③	④	⑤
	3. 나는 조리재료에 따라 기름의 종류, 양과 온도를 조절할 수 있다.	①	②	③	④	⑤
	4. 나는 재료 특성에 맞게 튀김을 할 수 있다.	①	②	③	④	⑤
	5. 나는 사용한 기름의 재사용 또는 폐기를 위한 처리를 할 수 있다.	①	②	③	④	⑤
튀김 완성하기	1. 나는 튀김요리의 종류에 따라 그릇을 선택할 수 있다.	①	②	③	④	⑤
	2. 나는 튀김요리에 어울리는 기초 장식을 할 수 있다.	①	②	③	④	⑤
	3. 나는 표준조리법에 따라 색깔, 맛, 향, 온도를 고려하여 튀김요리를 담을 수 있다.	①	②	③	④	⑤

[진단 결과]

진단영역	문항 수	점수	점수 ÷ 문항 수
튀김 준비하기	3		
튀김 조리하기	5		
튀김 완성하기	3		
합 계	11		

※ 자신의 점수를 문항 수로 나눈 값이 '3점'이하에 해당하는 영역은 업무를 성공적으로 수행하는데 요구되는 능력이 부족한 것으로 교육훈련이나 개인학습을 통한 개발이 필요함.

【자기 진단 평가표】

이　름			능력단위명	라조기 조리
평가일자		201　년　　　월　　　일		

지난 주 수업 내용의 핵심 단어는?

　

학습 목표는?

　

수업을 통해 할 수 있게 된 조리기술은?

　

수업에서 부족했던 조리기술은?

　

부족했던 조리기술을 보완하기 위해 어떻게 할 것인지 구체적으로 기술하시오.

　

스스로 돌아보기

문항	매우우수	우수	노력요함
수업을 위해 다양한 자료를 찾아보았나요?			
수업에 적극적으로 참여했나요?			
요리를 보다 더 잘 할 수 있도록 노력하였나요?			
그렇게 생각한 이유			

실습 후 작품 사진	작품 설명

마파두부

麻婆豆腐, Ma po dou fu

중국 사천 지역의 대표적인 요리로 부드러운 두부와 두반장이 들어간 매콤한 소스가 일품인 요리로 주로 밥 반찬으로 많이 만들어 먹는다. 마파두부의 뜻은 '마파(麻婆)는 곰보 자국이 있는 할머니가 만든 두부요리'라는 뜻으로 곰보 할머니가 처음 만들어 판매했다는 설(說)이 있다

■ 요구사항

※ 주어진 재료를 사용하여 마파두부를 만드시오.

가. 두부는 1.5cm 정도의 주사위 모양으로 써시오.

나. 두부가 차지 않게 하시오.

■ 수검자 요구사항

1) 두부가 으깨어지지 않아야 한다.

2) 녹말가루 농도에 유의하여야 한다.

3) 조리 작품 만드는 순서는 틀리지 않게 하여야 한다.

4) 숙련된 기능으로 맛을 내야 하므로 조리 작업 시 음식의 맛을 보지 않는다.

5) 지정된 수험자 지참 준비물 이외의 조리기구나 재료를 시험장 내에 지참할 수 없다.

6) 지급 재료는 시험 전 확인하여 이상이 있을 경우 시험위원으로부터 조치를 받고 시험도 중에 재료의 교환 및 추가 지급은 하지 않는다.

7) 다음과 같은 경우에는 **채점 대상에서 제외한다.**

　가) 시험 시간 내에 과제 두 가지를 제출하지 못한 경우 : 미완성

　나) 시험 시간 내에 제출된 과제라도 다음과 같은 경우

　　(1) 문제의 요구사항대로 작품의 수량이 만들어지지 않은 경우 : 미완성

　　(2) 해당 과제의 지급 재료 이외의 재료를 사용한 경우 : 오작

　　(3) 구이를 찜으로 조리하는 등과 같이 조리 방법을 다르게 한 경우 : 오작

　　(4) 불을 사용하여 만든 조리 작품이 작품 특성에 벗어나는 정도로 타거나 익지 않은 경우 : 실격

　　(5) 가스레인지 화구 2개 이상 사용한 경우 : 실격

　　(6) 시험 중 시설·장비(칼, 가스레인지 등) 사용 시 감독위원 및 타 수험자의 시험 진행에 위협이 될 것으로 감독위원 전원이 합의하여 판단한 경우 : 실격

8) 항목별 배점은 위생 상태 및 안전관리 5점, 조리기술 30점, 작품의 평가 15점이다.

■ 평가 (자기 평가/교수 평가)

분야	0~20	41~60	61~80	81~100	비고
안전	/	/	/	/	
위생	/	/	/	/	
조리기술	/	/	/	/	
작품평가	/	/	/	/	

Ingredient

1 2
3 4

Mise en place

도구

칼, 도마, 채, 프라이팬, 냄비, 계량스푼, 계량컵

식재료

1. 두부는 1.5×1.5cm 정도의 주사위 모양으로 썬다.
2. 대파, 마늘, 생강은 0.2~0.3cm 정도로 다진다.
3. 홍고추는 0.5cm 정도로 입자 있게 썬다.
4. 물 전분을 만든다.

Method

1 고추기름 만들기
① 팬에 식용유 1T을 넣고 약 불에서 고춧가루를 넣어 고추기름을 만든다.
② 만들어진 고추기름을 면보에 거른다.

2 물 끓이기/두부 손질
① 냄비에 물을 끓인다.
② 두부는 사방 1.5cm 큐브(주사위) 모양으로 썰어 끓인 물에 데쳐내어 체에 받쳐 물기를 뺀다.

3 채소 손질
① 홍고추는 반으로 잘라 씨를 제거하고 채를 썰어 형태가 있게 다진다.
② 대파는 송송 썰고 마늘과 생강은 다진다.

4 돼지고기 손질
돼지고기는 핏물을 제거한 후 곱게 다진다.
(다진 고기가 지급되면 도마에 한 번 더 다져 사용한다.)

5 마파두부 만들기
① 팬에 고추기름을 두르고 대파, 마늘, 생강을 넣고 볶다가 간장, 청주를 넣은 후 돼지고기 넣고 볶는다.
② 물(육수) 1/2컵을 붓고 설탕, 간장, 후추, 두반장을 넣고 끓인 후 두부를 넣어 한 번 더 끓여준다. 물 전분으로 농도를 조절한 다음, 다진 홍고추를 넣고 골고루 저어준다.

6 마파두부 담기
완성된 마파두부에 참기름을 넣고 그릇에 담아낸다.

마파두부[麻婆豆腐]

Formal

1. 고추기름 만들기 : 고춧가루(1), 식용유(3) 약 불에서 천천히 끓여 빨간색이 나도록 끓인다.
   (고추기름을 오래 끓이면 노랑색으로 탈색된다.)
2. 물 전분 만들기 : 물(2) : 전분(1)
3. 마파두부 소스 : 두반장(1/2Ts), 간장(1/2Ts), 설탕(1ts), 후추+파, 마늘, 생강, 홍고추
4. 두부를 뜨거운 물에 데쳐 사용하여 부서지지 않도록 한다.

능력단위 요소	중식 조림조리 마파두부

진단영역	진 단 문 항	매우 미흡	미흡	보통	우수	매우 우수
조림 준비하기	1. 나는 조림의 특성을 고려하여 적합한 재료를 선정할 수 있다.	①	②	③	④	⑤
	2. 나는 각 재료를 조림의 종류에 맞게 준비할 수 있다.	①	②	③	④	⑤
	3. 나는 조림의 종류에 맞게 도구를 선택할 수 있다.	①	②	③	④	⑤
조림 조리하기	1. 나는 재료를 각 조림요리의 특성에 맞게 손질할 수 있다.	①	②	③	④	⑤
	2. 나는 손질한 재료를 기름에 익히거나 물에 데칠 수 있다.	①	②	③	④	⑤
	3. 나는 조림조리를 위해 화력을 강약으로 조절할 수 있다.	①	②	③	④	⑤
	4. 나는 조림에 따라 양념과 향신료를 사용할 수 있다.	①	②	③	④	⑤
	5. 나는 조림요리 특성에 따라 전분으로 농도를 조절하여 완성할 수 있다.	①	②	③	④	⑤
조림 완성하기	1. 나는 조림 요리의 종류에 따라 그릇을 선택할 수 있다.	①	②	③	④	⑤
	2. 나는 조림 요리에 어울리는 기초 장식을 할 수 있다.	①	②	③	④	⑤
	3. 나는 표준조리법에 따라 색깔, 맛, 향, 온도를 고려하여 조림요리를 담을 수 있다	①	②	③	④	⑤
	4. 나는 도구를 사용하여 적합한 크기로 요리를 잘라 제공 할 수 있다.	①	②	③	④	⑤

[진단 결과]

진단영역	문항 수	점 수	점수 ÷ 문항 수
조림 준비하기	3		
조림 조리하기	5		
조림 완성하기	4		
합 계	12		

※ 자신의 점수를 문항 수로 나눈 값이 '3점'이하에 해당하는 영역은 업무를 성공적으로 수행하는데 요구되는
능력이 부족한 것으로 교육훈련이나 개인학습을 통한 개발이 필요함.

【자기 진단 평가표】

이 름		능력단위명	마파두부 조리
평가일자	201 년 월 일		

지난 주 수업 내용의 핵심 단어는?

학습 목표는?

수업을 통해 할 수 있게 된 조리기술은?

수업에서 부족했던 조리기술은?

부족했던 조리기술을 보완하기 위해 어떻게 할 것인지 구체적으로 기술하시오.

스스로 돌아보기

문항	매우우수	우수	노력요함
수업을 위해 다양한 자료를 찾아보았나요?			
수업에 적극적으로 참여했나요?			
요리를 보다 더 잘 할 수 있도록 노력하였나요?			
그렇게 생각한 이유			

실습 후 작품 사진	작품 설명

부추잡채

秒枸菜, chao jiu cai

돼지고기를 채로 썰어 양념한 후 부추와 같이 볶아 만든 요리로 화권과 함께 먹는 요리이다.
부추는 몸을 따뜻하게 하며 면역력을 증진하는 효능이 있다.

■ 요구사항

※ 주어진 재료를 사용하여 다음과 같이 부추잡채를 만드시오.

가. 부추는 6cm 길이로 써시오.

나. 고기는 0.3×6cm 길이로 써시오.

■ 수검자 요구사항

1) 채소의 색이 퇴색되지 않도록 한다.

2) 조리 작품 만드는 순서는 틀리지 않게 하여야 한다.

3) 숙련된 기능으로 맛을 내야 하므로 조리 작업 시 음식의 맛을 보지 않는다.

4) 지정된 수험자 지참 준비물 이외의 조리기구나 재료를 시험장 내에 지참할 수 없다.

5) 지급 재료는 시험 전 확인하여 이상이 있을 경우 시험위원으로부터 조치를 받고 시험도 중에는 재료의 교환 및 추가 지급은 하지 않는다.

6) 다음과 같은 경우에는 **채점 대상에서 제외한다.**

　　가) 시험 시간 내에 과제 두 가지를 제출하지 못한 경우 : 미완성

　　나) 시험 시간 내에 제출된 과제라도 다음과 같은 경우

　　　(1) 문제의 요구사항대로 작품의 수량이 만들어지지 않은 경우 : 미완성

　　　(2) 해당 과제의 지급 재료 이외의 재료를 사용한 경우 : 오작

　　　(3) 구이를 찜으로 조리하는 등과 같이 조리 방법을 다르게 한 경우 : 오작

　　　(4) 불을 사용하여 만든 조리 작품이 작품 특성에 벗어나는 정도로 타거나 익지 않은 경우 : 실격

　　　(5) 가스레인지 화구 2개 이상 사용한 경우 : 실격

　　　(6) 시험 중 시설 · 장비(칼, 가스레인지 등) 사용 시 감독위원 및 타 수험자의 시험 진행에 위협이 될 것으로 감독위원 전원이 합의하여 판단한 경우 : 실격

7) 항목별 배점은 위생 상태 및 안전관리 5점, 조리기술 30점, 작품의 평가 15점이다.

■ 평가 (자기 평가/교수 평가)

분야	0~20	41~60	61~80	81~100	비고
안전	/	/	/	/	
위생	/	/	/	/	
조리기술	/	/	/	/	
작품평가	/	/	/	/	

Ingredient

부추·················· 150g
돼지등심·············· 50g
달걀·················· 1개
청주················ 15ml
소금·················· 5g
참기름··············· 5ml
식용유·············· 30ml
녹말가루(감자전분) 30g

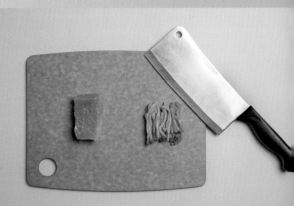

1   2

3

4

5

Mise en place

도구

칼, 도마, 프라이팬, 나무젓가락, 계량스푼

식재료

1. 부추는 6cm 길이로 썬다.
2. 고기는 0.3×6cm 길이로 썬다.

Method

1 부추 손질

부추는 세척한 후 길이 6cm로 자르고 흰 부분과 파란 부분으로 나누어 놓는다.

2 돼지고기 손질

돼지고기는 결 방향으로 길이 6cm, 두께 0.3cm로 채 썰어 소금, 청주, 달걀흰자, 전분을 이용하여 밑간을 한다.

3 돼지고기 데치기

밑간한 돼지고기를 팬에 기름을 두르고 달라붙지 않도록 젓가락으로 풀어주면서 익힌다

4 재료 볶기

① 팬에 식용유를 두르고 부추 흰 부분을 청주(1Ts)와 함께 넣고 볶다가
② 기름에 데친 돼지고기와 부추 파란 부분을 넣고 센 불에서 빠른 동작으로 볶는다.
③ 소금으로 간을 맞춘다.

5 그릇에 담기

볶은 부추잡채에 참기름 한 방울을 넣고 마무리해서 그릇에 담는다.

부추잡채[秒枸菜]

Formal

■ 주의할 점
부추잡채는 청주와 소금으로만 간을 한다
부추잡채는 오래 볶으면 숨이 죽고, 수분이 생기므로 센 불에서 살짝 볶아 숨이 죽지 않도록 한다.

능력단위 요소	중식볶음조리 부추잡채

진단영역	진 단 문 항	매우 미흡	미흡	보통	우수	매우 우수
볶음 준비하기	1. 나는 볶음의 특성을 고려하여 적합한 재료를 선정할 수 있다.	①	②	③	④	⑤
	2. 나는 볶음 방법에 따른 조리용 매개체(물, 기름류, 양념류)를 이용하고 선정할 수 있다.	①	②	③	④	⑤
	3. 나는 각 재료를 볶음의 종류에 맞게 준비할 수 있다.	①	②	③	④	⑤
볶음 조리하기	1. 나는 재료를 볶음요리에 맞게 썰 수 있다.	①	②	③	④	⑤
	2. 나는 썰어진 재료를 조리 순서에 맞게 기름에 익히거나 물에 데칠 수 있다.	①	②	③	④	⑤
	3. 나는 화력의 강약을 조절하고 양념과 향신료를 첨가하여 볶음 요리를 할 수 있다.	①	②	③	④	⑤
	4. 나는 메뉴별 표준조리법에 따라 전분을 이용하여 볶음 요리의 농도를 조절할 수 있다.	①	②	③	④	⑤
볶음 완성하기	1. 나는 볶음요리의 종류와 제공방법에 따른 그릇을 선택할 수 있다.	①	②	③	④	⑤
	2. 나는 메뉴에 따라 어울리는 기초 장식을 할 수 있다.	①	②	③	④	⑤
	3. 나는 메뉴의 표준조리법에 따라 볶음요리를 담을 수 있다.	①	②	③	④	⑤

[진단 결과]

진단영역	문항 수	점 수	점수 ÷ 문항 수
볶음 준비하기	3		
볶음 조리하기	4		
볶음 완성하기	3		
합 계	10		

※ 자신의 점수를 문항 수로 나눈 값이 '3점' 이하에 해당하는 영역은 업무를 성공적으로 수행하는데 요구되는 능력이 부족한 것으로 교육훈련이나 개인학습을 통한 개발이 필요함.

【자기 진단 평가표】

이 름		능력단위명	부추잡채 조리
평가일자	201 년 월 일		

지난 주 수업 내용의 핵심 단어는?

학습 목표는?

수업을 통해 할 수 있게 된 조리기술은?

수업에서 부족했던 조리기술은?

부족했던 조리기술을 보완하기 위해 어떻게 할 것인지 구체적으로 기술하시오.

스스로 돌아보기

문항	매우우수	우수	노력요함
수업을 위해 다양한 자료를 찾아보았나요?			
수업에 적극적으로 참여했나요?			
요리를 보다 더 잘 할 수 있도록 노력하였나요?			
그렇게 생각한 이유			

실습 후 작품 사진	작품 설명

빠스고구마

拔絲地瓜, Ba si di gua

고구마를 껍질을 제거한 후 다각형으로 썰어 기름에 노른하게 튀긴 후 캐러멜 시럽에 버무린 디저트 요리이다.
시럽에 버무리고 시럽이 실처럼 늘어지도록 만든 음식을 '발사(拔絲)'라고 하는데, 주로 설탕을 기름에 녹여 만든 요리에
많이 사용하는 조리용어이다.

■ 요구사항

※ 주어진 재료를 사용하여 다음과 같이 빠스고구마를 만드시오.

가. 고구마는 껍질을 벗기고 먼저 길게 4등분을 내고, 다시 4cm 정도 길이의 다각형으로 돌려 썰기 하시오.

나. 튀김이 바삭하게 되도록 하시오.

■ 수검자 요구사항

1) 시럽이 타거나 튀긴 고구마가 타지 않도록 한다.

2) 조리 작품 만드는 순서는 틀리지 않게 하여야 한다.

3) 숙련된 기능으로 맛을 내야 하므로 조리 작업 시 음식의 맛을 보지 않는다.

4) 지정된 수험자 지참 준비물 이외의 조리기구나 재료를 시험장 내에 지참할 수 없다.

5) 지급 재료는 시험 전 확인하여 이상이 있을 경우 시험위원으로부터 조치를 받고 시험도 중에는 재료의 교환 및 추가 지급은 하지 않는다.

6) 다음과 같은 경우에는 **채점 대상에서 제외한다.**

   가) 시험 시간 내에 과제 두 가지를 제출하지 못한 경우 : 미완성

   나) 시험 시간 내에 제출된 과제라도 다음과 같은 경우

    (1) 문제의 요구사항대로 작품의 수량이 만들어지지 않은 경우 : 미완성

    (2) 해당 과제의 지급 재료 이외의 재료를 사용한 경우 : 오작

    (3) 구이를 찜으로 조리하는 등과 같이 조리 방법을 다르게 한 경우 : 오작

    (4) 불을 사용하여 만든 조리 작품이 작품 특성에 벗어나는 정도로 타거나 익지 않은 경우 : 실격

    (5) 가스레인지 화구 2개 이상 사용한 경우 : 실격

    (6) 시험 중 시설·장비(칼, 가스레인지 등) 사용 시 감독위원 및 타 수험자의 시험 진행에 위협이 될 것으로 감독위원 전원이 합의하여 판단한 경우 : 실격

7) 항목별 배점은 위생 상태 및 안전관리 5점, 조리기술 30점, 작품의 평가 15점이다.

■ 평가 (자기 평가/교수 평가)

분야	0~20	41~60	61~80	81~100	비고
안전	/	/	/	/	
위생	/	/	/	/	
조리기술	/	/	/	/	
작품평가	/	/	/	/	

Ingredient

고구마………· 1개(300g)
식용유…………· 1000ml
백설탕……………· 100g

1

2

3

4

5

6

Mise en place

도구

칼, 도마, 튀김냄비, 나무젓가락, 프라이팬, 계량스푼

식재료

1. 튀김용 식용유를 올린다.
2. 고구마 손질하기 : 껍질을 벗기고 먼저 길게 4등분을 내고 다시 4cm 정도 길이의 다각형으로 돌려 썬다.

Method

1 기름 끓이기
튀김용 냄비에 기름을 붓고 온도를 150℃로 올린다.

2 고구마 손질/커팅
① 고구마를 씻는 후 고구마 껍질을 벗기고 길이로 4 등분한다.
② 다시 4cm 정도의 다각형으로 돌려 썬다.

3 고구마 튀기기
① 온도가 오른 식용유에 수분을 제거한 고구마를 넣고 튀긴다.
② 고구마 속이 익을 때까지 천천히 나무젓가락으로 저어가며 바삭하게 튀긴다.

4 시럽 만들기
팬에 기름(1Ts)을 골고루 두르고, 설탕(4Ts) 넓게 펼쳐 약한 불에서 서서히 녹여 갈색 시럽 소스를 만든다.

5 고구마와 시럽 버무리기
① 시럽에 튀긴 고구마를 넣고 고구마 전체 코팅 될 수 있도록 빠른 속도로 팬을 돌린다.
② 접시에 기름을 바르고 튀긴 고구마를 하나씩 놓고 식힌다.

6 담기
① 차가운 물로 고구마를 한 번 더 코팅한다.
② 하나씩 접시에 담아낸다.

빠스고구마[拔絲地瓜]

Formal

시럽 만들기 : 식용유(1Ts), 설탕(4Ts)

진단영역	진 단 문 항	매우 미흡	미흡	보통	우수	매우 우수
후식 준비하기	1. 나는 주 메뉴의 구성을 고려하여 알맞은 후식요리를 선정할 수 있다.	①	②	③	④	⑤
	2. 나는 표준조리법에 따라 후식재료를 선택할 수 있다.	①	②	③	④	⑤
	3. 나는 소비량을 고려하여 재료의 양을 미리 조정할 수 있다.	①	②	③	④	⑤
	4. 나는 재료에 따라 전 처리하여 사용할 수 있다.	①	②	③	④	⑤
더운 후식류 만들기	1. 나는 메뉴의 구성에 따라 더운 후식의 재료를 준비할 수 있다.	①	②	③	④	⑤
	2. 나는 용도에 맞게 재료를 알맞은 모양으로 잘라 준비할 수 있다.	①	②	③	④	⑤
	3. 나는 조리재료에 따라 튀김 기름의 종류, 양과 온도를 조절할 수 있다.	①	②	③	④	⑤
	4. 나는 재료 특성에 맞게 튀김을 할 수 있다.	①	②	③	④	⑤
	5. 나는 알맞은 온도와 시간으로 설탕을 녹여 재료를 버무릴 수 있다.	①	②	③	④	⑤
찬 후식류 만들기	1. 나는 재료를 후식요리에 맞게 썰 수 있다.	①	②	③	④	⑤
	2. 나는 후식류의 특성에 맞추어 조리를 할 수 있다,	①	②	③	④	⑤
	3. 나는 용도에 따라 찬 후식류를 만들 수 있다.	①	②	③	④	⑤
후식류 완성하기	1. 나는 후식요리의 종류와 모양에 따라 알맞은 그릇을 선택할 수 있다.	①	②	③	④	⑤
	2. 나는 표준조리법에 따라 용도에 알맞은 소스를 만들 수 있다.	①	②	③	④	⑤
	3. 나는 더운 후식 요리는 온도와 시간을 조절하여 빠스 요리를 만들 수 있다.	①	②	③	④	⑤
	4. 나는 후식요리의 종류에 맞춰 담아 낼 수 있다.	①	②	③	④	⑤

[진단 결과]

진단영역	문항 수	점수	점수 ÷ 문항 수
후식 준비하기	4		
더운 후식류 만들기	5		
찬 후식류 만들기	3		
후식류 완성하기	4		
합 계	16		

※ 자신의 점수를 문항 수로 나눈 값이 '3점'이하에 해당하는 영역은 업무를 성공적으로 수행하는데 요구되는 능력이 부족한 것으로 교육훈련이나 개인학습을 통한 개발이 필요함.

【자기 진단 평가표】

이 름		능력단위명	빠스고구마 조리
평가일자		201 년 월 일	

지난 주 수업 내용의 핵심 단어는?

학습 목표는?

수업을 통해 할 수 있게 된 조리기술은?

수업에서 부족했던 조리기술은?

부족했던 조리기술을 보완하기 위해 어떻게 할 것인지 구체적으로 기술하시오.

스스로 돌아보기

문항	매우우수	우수	노력요함
수업을 위해 다양한 자료를 찾아보았나요?			
수업에 적극적으로 참여했나요?			
요리를 보다 더 잘 할 수 있도록 노력하였나요?			
그렇게 생각한 이유			

실습 후 작품 사진	작품 설명

빠스옥수수 拔絲玉米, Ba si yu mi

옥수수 알맹이를 다져서 밀가루 달걀노른자로 반죽해서 둥글게 만든 후 기름에 튀겨 캐러멜 시럽에 버무린 요리이다.
발사(拔絲)의 뜻은 캐러멜 시럽을 만들대 실처럼 가는 설탕 실이 만들어지는 것을 말한다.

■ 요구사항

※ 주어진 재료를 사용하여 **빠스옥수수**를 만드시오.

가. 완자의 크기를 직경 3cm 정도 공 모양으로 하시오.

나. 설탕시럽이 혼탁하지 않게 갈색이 나도록 하시오.

다. 빠스옥수수는 6개 만드시오.

■ 수검자 요구사항

1) 팬의 설탕이 타지 않아야 한다.

2) 완자 모양이 흐트러지지 않아야 하며 타지 않아야 한다.

3) 조리 작품 만드는 순서는 틀리지 않게 하여야 한다

4) 숙련된 기능으로 맛을 내야 하므로 조리 작업 시 음식의 맛을 보지 않는다.

5) 지정된 수험자 지참 준비물 이외의 조리기구나 재료를 시험장 내에 지참할 수 없다.

6) 지급 재료는 시험 전 확인하여 이상이 있을 경우 시험위원으로부터 조치를 받고 시험도 중에 재료의 교환 및 추가 지급은 하지 않는다.

7) 다음과 같은 경우에는 **채점 대상에서 제외한다.**

　　가) 시험 시간 내에 과제 두 가지를 제출하지 못한 경우 : 미완성

　　나) 시험 시간 내에 제출된 과제라도 다음과 같은 경우

　　　(1) 문제의 요구사항대로 작품의 수량이 만들어지지 않은 경우 : 미완성

　　　(2) 해당 과제의 지급 재료 이외의 재료를 사용한 경우 : 오작

　　　(3) 구이를 찜으로 조리하는 등과 같이 조리 방법을 다르게 한 경우 : 오작

　　　(4) 불을 사용하여 만든 조리 작품이 작품 특성에 벗어나는 정도로 타거나 익지 않은 경우 : 실격

　　　(5) 가스레인지 화구 2개 이상 사용한 경우 : 실격

　　　(6) 시험 중 시설·장비(칼, 가스레인지 등) 사용 시 감독위원 및 타 수험자의 시험 진행에 위협이 될 것으로 감독위원 전원이 합의하여 판단한 경우 : 실격

8) 항목별 배점은 위생 상태 및 안전관리 5점, 조리기술 30점, 작품의 평가 15점이다.

■ 평가 (자기 평가/교수 평가)

분야	0~20	41~60	61~80	81~100	비고
안전	/	/	/	/	
위생	/	/	/	/	
조리기술	/	/	/	/	
작품평가	/	/	/	/	

Ingredient

1 2

3 4

5 6 7

Mise en place

도구

칼, 도마, 채, 튀김냄비, 나무젓가락

식재료

1. 튀기용 식용유를 올린다.
2. 옥수수를 물에 한 번 헹구어 물기를 뺀 다음 1/4등분 정도 되도록 다진다.
3. 땅콩은 껍질을 벗겨 다진 옥수수 크기로 다진다.

Method

1 튀김 끓이기

튀김용 기름 냄비를 올린다.

2 옥수수/땅콩 다지기

① 옥수수는 물에 한 번 헹구고 체에 받쳐 수분을 제거한 후 다진다.
② 땅콩은 껍질을 벗기고 옥수수처럼 다진다.

3 반죽하기

그릇에 다진 옥수수, 다진 땅콩, 달걀노른자 1개 분량, 밀가루 2T을 넣고 반죽 후 직경 3cm로 둥글게 옥수수 볼을 만든다.

4 옥수수 탕 튀기기

① 기름 온도가 약 150도 오르면 옥수수 반죽을 계량스푼을 이용하여 직경 3cm 정도 공 모양의 옥수수 볼을 기름에 하나씩 넣어 튀긴다.
② 젓가락으로 저어주어 바닥에 달라붙지 않도록 한다.
③ 중 불에서 천천히 옥수수 볼 속까지 익도록 튀겨준다.

5 캐러멜 시럽 만들기

① 팬에 식용유 1/2T 두르고 설탕 3T 넣고 골고루 펼쳐 설탕을 녹여 천천히 캐러멜 시럽을 만든다. 엷은 갈색이 되게 한다.
② 시럽이 완성되면 튀겨진 옥수수 볼을 넣고 빠른 동작으로 시럽이 옥수수 볼 전체가 골고루 코팅되도록 팬을 돌려준다.

6 식히기/담기

① 접시에 기름을 바르고 옥수수탕을 하나씩 담아 서로 붙지 않도록 한다.
② 식은 옥수수탕을 접시에 담아낸다.

빠스옥수수[拔絲玉米]

Formal

1. 옥수수탕 시럽 : 설탕(3Ts), 식용유(1/2Ts)
2. 옥수수 반죽 : 다진 옥수수, 다진 땅콩, 달걀노른자(1개) 분량, 밀가루 2(Ts)
3. 옥수수는 수분을 잘 제거해야 모양이 둥글게 잘 나온다.
   (반죽한 옥수수를 손에 쥐고 엄지와 검지손가락 사이로 동그랗게 짜내어 기름에 넣고 튀긴다.)
4. 시럽이 타지 않도록 약 불에서 천천히 저어 주면서 엷은 갈색이 되도록 한다.

능력단위 요소	중식 후식조리 빠스옥수수

진단영역	진 단 문 항	매우 미흡	미흡	보통	우수	매우 우수
후식 준비하기	1. 나는 주 메뉴의 구성을 고려하여 알맞은 후식요리를 선정할 수 있다.	①	②	③	④	⑤
	2. 나는 표준조리법에 따라 후식재료를 선택할 수 있다.	①	②	③	④	⑤
	3. 나는 소비량을 고려하여 재료의 양을 미리 조정할 수 있다.	①	②	③	④	⑤
	4. 나는 재료에 따라 전 처리하여 사용할 수 있다.	①	②	③	④	⑤
더운 후식류 만들기	1. 나는 메뉴의 구성에 따라 더운 후식의 재료를 준비할 수 있다.	①	②	③	④	⑤
	2. 나는 용도에 맞게 재료를 알맞은 모양으로 잘라 준비할 수 있다.	①	②	③	④	⑤
	3. 나는 조리재료에 따라 튀김 기름의 종류, 양과 온도를 조절할 수 있다.	①	②	③	④	⑤
	4. 나는 재료 특성에 맞게 튀김을 할 수 있다.	①	②	③	④	⑤
	5. 나는 알맞은 온도와 시간으로 설탕을 녹여 재료를 버무릴 수 있다.	①	②	③	④	⑤
찬 후식류 만들기	1. 나는 재료를 후식요리에 맞게 썰 수 있다.	①	②	③	④	⑤
	2. 나는 후식류의 특성에 맞추어 조리를 할 수 있다,	①	②	③	④	⑤
	3. 나는 용도에 따라 찬 후식류를 만들 수 있다.	①	②	③	④	⑤
후식류 완성하기	1. 나는 후식요리의 종류와 모양에 따라 알맞은 그릇을 선택할 수 있다.	①	②	③	④	⑤
	2. 나는 표준조리법에 따라 용도에 알맞은 소스를 만들 수 있다.	①	②	③	④	⑤
	3. 나는 더운 후식 요리는 온도와 시간을 조절하여 빠스 요리를 만들 수 있다.	①	②	③	④	⑤
	4. 나는 후식요리의 종류에 맞춰 담아 낼 수 있다.	①	②	③	④	⑤

[진단 결과]

진단영역	문항 수	점수	점수 ÷ 문항 수
후식 준비하기	4		
더운 후식류 만들기	5		
찬 후식류 만들기	3		
후식류 완성하기	4		
합 계	16		

※ 자신의 점수를 문항 수로 나눈 값이 '3점'이하에 해당하는 영역은 업무를 성공적으로 수행하는데 요구되는 능력이 부족한 것으로 교육훈련이나 개인학습을 통한 개발이 필요함.

【자기 진단 평가표】

이 름		능력단위명	빠스옥수수 조리
평가일자		201 년 월 일	

지난 주 수업 내용의 핵심 단어는?

학습 목표는?

수업을 통해 할 수 있게 된 조리기술은?

수업에서 부족했던 조리기술은?

부족했던 조리기술을 보완하기 위해 어떻게 할 것인지 구체적으로 기술하시오.

스스로 돌아보기

문항	매우우수	우수	노력요함
수업을 위해 다양한 자료를 찾아보았나요?			
수업에 적극적으로 참여했나요?			
요리를 보다 더 잘 할 수 있도록 노력하였나요?			
그렇게 생각한 이유			

실습 후 작품 사진	작품 설명

새우볶음밥

鰕仁炒飯, xia ren chao fan

새우의 담백한 맛과 흰쌀밥을 기름에 볶아 고소한 맛이 일품인 새우 볶음밥.
새우볶음밥을 풍미 있게 하기 위해서는 센불에 순간적으로 볶는 기술이 필요하다.

■ 요구사항

※ 주어진 재료를 사용하여 다음과 같이 새우볶음밥을 만드시오.

가. 새우는 내장을 제거하고 데쳐서 사용하시오.
나. 채소는 0.5cm 정도 크기의 주사위 모양으로 써시오.
다. 완성된 볶음밥은 질지 않게 하여 전량 제출하시오.

■ 수검자 요구사항

1) 밥은 질지 않게 짓도록 한다.
2) 밥과 재료는 볶아 보기 좋게 담아낸다.
3) 조리작품 만드는 순서는 틀리지 않게 하여야 한다.
4) 숙련된 기능으로 맛을 내야하므로 조리작업시 음식의 맛을 보지 않는다.
5) 지정된 수험자지참준비물 이외의 조리기구나 재료를 시험장내에 지참할 수 없다.
6) 지급재료는 시험 전 확인하여 이상이 있을 경우 시험위원으로부터 조치를 받고 시험도
   중에는 재료의 교환 및 추가지급은 하지 않는다.
7) 다음과 같은 경우에는 **채점 대상에서 제외한다.**

　　가) 시험시간 내에 과제 두 가지를 제출하지 못한 경우 : 미완성
　　나) 시험시간 내에 제출된 과제라도 다음과 같은 경우
　　　(1) 문제의 요구사항대로 작품의 수량이 만들어지지 않은 경우 : 미완성
　　　(2) 해당과제의 지급재료 이외의 재료를 사용한 경우 : 오작
　　　(3) 구이를 찜으로 조리하는 등과 같이 조리방법을 다르게 한 경우 : 오작
　　　(4) 불을 사용하여 만든 조리작품이 작품특성에 벗어나는 정도로 타거나 익지 않은 경
　　　　우 : 실격
　　　(5) 가스레인지 화구 2개 이상 사용한 경우 : 실격
　　　(6) 시험 중 시설 · 장비(칼, 가스레인지 등) 사용 시 감독위원 및 타수험자의 시험 진행
　　　　에 위협이 될 것으로 감독위원 전원이 합의하여 판단한 경우 : 실격
8) 항목별 배점은 위생상태 및 안전관리 5점, 조리기술 30점, 작품의 평가 15점이다.

■ 평가 (자기 평가/교수 평가)

분야	0~20	41~60	61~80	81~100	비고
안전	/	/	/	/	
위생	/	/	/	/	
조리기술	/	/	/	/	
작품평가	/	/	/	/	

Ingredient

- 쌀 30분 정도 물에 불린 쌀 ·························150g
- 작은새우살··································· 30g
- 달걀···································· 1개
- 양파 중(150g 정도) ····················· 1/6개
- 대파 흰부분(6cm 정도) ··················· 1토막
- 당근···································· 20g
- 청피망 중(75g 정도) ····················· 1/3개
- 식용유·································· 30mL
- 소금···································5g
- 흰후춧가루·······························5g

1 2

3 4 5

Mise en place

도구

칼, 도마, 튀김냄비 나무 젓가락, 후라이 팬

식재료

쌀(불린쌀) 150g
작은새우 30g
달걀 1개
양파 1/6개
대파 1토막
당근 20g
청피망 1/3개
식용유 30mL
소금 5g
흰후추가루 5g

Method

1 물 끓이기 새우 데치기
새우 내장을 제거한 후 끓인 물에 새우를 데쳐 차가운 물에 식힌 후 준비한다

2 야채 손질
양파.대파. 당근.피망을 세척 후 0.5cn 사이즈로 썰어 준비한다

3 밥 짓기
① 불린 쌀을 한번 더 세척 후 물기를 제거한 후 불린 쌀 1cup과 물1cup을 냄비에 넣는다
② 썬불에 뚜껑을 열고 약 2분정도 끓인후 주걱으로 잘 저어준 후 약불로 뚜껑을 덮고 약 8분 정도 뜸 들이면 밥이 완성한다.

4 야채 볶기
① 팬에 기름을 두른 청피망을 제외한(대파.양파.당근)를 소금 약간 넣고 살짝 볶는다.
② 볶은 야채를 접시에 담아 준다.

5 볶음밥 만들기
① 팬에 기름을 두르고 달걀 물을 넣어 스크램블을 만든다. 달걀이 80%정도 굳어졌을 때 밥을 넣고 골고루 썩어 가며 볶아준다. 볶아 놓은 야채와 소금. 후추로 간을 한다
② 청피망, 데친새우를 넣어 마무리 한다

6 담기
볶은 볶음밥을 공기그릇에 꾹 눌러 담은 후 접시에 찍어 보기 좋게 완성한다

새우볶음밥[鰕仁炒飯]

Formal

1. 새우볶음밥 TIP: 밥을 짓기 불린 쌀 물의 비율 = 불린 쌀 1CUP : 물1CUP

2. 처음에는 뚜껑 열고 썬 불에 약 2분 정도 끓인 후 주걱으로 잘 저어준 후 뚜껑 덮고 약8정도 뜸들기 하면 밥이 완성된다 .

능력단위 요소	중식밥조리 새우볶음밥

진단영역	진 단 문 항	매우 미흡	미흡	보통	우수	매우 우수
밥 준비하기	1. 나는 필요한 쌀의 양과 물의 양을 계량할 수 있다.	①	②	③	④	⑤
	2. 나는 조리방식에 따라 여러 종류의 쌀을 이용할 수 있다.	①	②	③	④	⑤
	3. 나는 계량한 쌀을 씻고 일정 시간 불려둘 수 있다.	①	②	③	④	⑤
밥 짓기	1. 나는 쌀의 종류와 특성, 건조도에 따라 물의 양을 가감할 수 있다.	①	②	③	④	⑤
	2. 나는 표준조리법에 따라 필요한 조리 기구를 선택하여 활용할 수 있다	①	②	③	④	⑤
	3. 나는 주어진 일정과 상황에 따라 조리 시간과 방법을 조정할 수 있다.	①	②	③	④	⑤
	4. 나는 표준조리법에 따라 화력의 강약을 조절하여 가열 시간 조절, 뜸들이기를 할 수 있다.	①	②	③	④	⑤
	5. 나는 메뉴종류에 따라 보온 보관 및 재 가열을 실시 할 수 있다.	①	②	③	④	⑤
요리별 조리하여 완성하기	1. 나는 메뉴에 따라 볶음 요리와 튀김 요리를 곁들여 조리할 수 있다.	①	②	③	④	⑤
	2. 나는 화력의 강약을 조절하여 볶음밥을 조리할 수 있다.	①	②	③	④	⑤
	3. 나는 메뉴 구성을 고려하여 소스(짜장소스)와 국물(계란 국물 또는 짬뽕국물)을 곁들여 제공할 수 있다.	①	②	③	④	⑤
	4. 나는 메뉴에 따라 어울리는 기초 장식을 할 수 있다.					

[진단 결과]

진단영역	문항 수	점 수	점수 ÷ 문항 수
밥 준비하기	3		
밥 짓기	5		
요리별 조리하여 완성하기	4		
합 계	12		

※ 자신의 점수를 문항 수로 나눈 값이 '3점'이하에 해당하는 영역은 업무를 성공적으로 수행하는데 요구되는 능력이 부족한 것으로 교육훈련이나 개인학습을 통한 개발이 필요함.

【자기 진단 평가표】

이 름		능력단위명	새우볶음밥 조리
평가일자	201 년 월 일		

지난 주 수업 내용의 핵심 단어는?

학습 목표는?

수업을 통해 할 수 있게 된 조리기술은?

수업에서 부족했던 조리기술은?

부족했던 조리기술을 보완하기 위해 어떻게 할 것인지 구체적으로 기술하시오.

스스로 돌아보기

문항	매우우수	우수	노력요함
수업을 위해 다양한 자료를 찾아보았나요?			
수업에 적극적으로 참여했나요?			
요리를 보다 더 잘 할 수 있도록 노력하였나요?			
그렇게 생각한 이유			

실습 후 작품 사진	작품 설명

새우케첩볶음 — 干燒蝦仁, Ggan so xia ren

전분과 달걀로 튀김옷을 만들어 새우에 입힌 후 기름에 튀겨 바삭한 새우를 토마토케첩과 설탕, 식초로 만든
칠리소스에 버무린 요리이다.

■ 요구사항

※ 주어진 재료를 사용하여 다음과 같이 새우케첩볶음을 만드시오.

가. 새우 내장을 제거하시오.

나. 당근과 양파는 1cm 정도 크기의 사각으로 써시오.

■ 수검자 요구사항

1) 튀긴 새우는 타거나 설익지 않도록 한다.

2) 녹말가루 농도에 유의하여야 한다.

3) 조리 작품 만드는 순서는 틀리지 않게 하여야 한다.

4) 숙련된 기능으로 맛을 내야 하므로 조리 작업 시 음식의 맛을 보지 않는다.

5) 지정된 수험자 지참 준비물 이외의 조리기구나 재료를 시험장 내에 지참할 수 없다.

6) 지급 재료는 시험 전 확인하여 이상이 있을 경우 시험위원으로부터 조치를 받고 시험도 중에는 재료의 교환 및 추가 지급은 하지 않는다.

7) 다음과 같은 경우에는 **채점 대상에서 제외한다.**

　가) 시험 시간 내에 과제 두 가지를 제출하지 못한 경우 : 미완성

　나) 시험 시간 내에 제출된 과제라도 다음과 같은 경우

　　(1) 문제의 요구사항대로 작품의 수량이 만들어지지 않은 경우 : 미완성

　　(2) 해당 과제의 지급 재료 이외의 재료를 사용한 경우 : 오작

　　(3) 구이를 찜으로 조리하는 등과 같이 조리 방법을 다르게 한 경우 : 오작

　　(4) 불을 사용하여 만든 조리 작품이 작품 특성에 벗어나는 정도로 타거나 익지 않은 경우 : 실격

　　(5) 가스레인지 화구 2개 이상 사용한 경우 : 실격

　　(6) 시험 중 시설 · 장비(칼, 가스레인지 등) 사용 시 감독위원 및 타 수험자의 시험 진 행에 위협이 될 것으로 감독위원 전원이 합의하여 판단한 경우 : 실격

8) 항목별 배점은 위생 상태 및 안전관리 5점, 조리기술 30점, 작품의 평가 15점이다.

■ 평가 (자기 평가/교수 평가)

분야	0~20	41~60	61~80	81~100	비고
안전	/	/	/	/	
위생	/	/	/	/	
조리기술	/	/	/	/	
작품평가	/	/	/	/	

Ingredient

새우살(내장 있는 것)	200g	소금	2g
진간장	15ml	백설탕	10g
달걀	1개	식용유	800ml
녹말가루(감자전분)	100g	육수 또는 물	100ml
토마토케첩	50g	생강	5g
청주	30ml	대파	1토막
당근	30g	완두콩	10g
양파	1/4개	이쑤시개	1개

1 2
3 4 5

126

Mise en place

도구

칼, 도마, 튀김냄비, 체, 계량컵, 계량스푼,
나무젓가락, 프라이팬

식재료

1. 튀김용 전분 만든다.
2. 당근, 양파, 대파, 생강은 1cm 크기의 사각
   으로 썬다.
3. 새우는 이쑤시개로 내장을 빼고 엷은 소금
   물로 씻어 물기를 뺀다.
4. 물 전분 만든다.

Method

1 튀김용 전분 만들기
물과 전분을 같은 비율로 혼합하여 튀김용 전분을
만든다.

2 채소 손질
① 양파, 대파, 당근, 생강은 가로세로 1cm 정도로
   정사각형으로 썬다.
② 완두콩은 물로 씻어 체에 받쳐 물기를 뺀다.

3 새우 손질
① 새우는 내장을 제거한 후 엷은 소금물로 씻어 물기
   를 뺀다.
② 소금과 청주로 밑간을 하고 달걀과 불린 전분으로
   반죽한다.
③ 물 2와 전분1의 비율로 물 전분을 만든다.

4 새우 튀기기
① 튀김냄비에 기름의 온도(160도)가 되면 반죽한
   새우를 튀긴다.
② 튀긴 새우를 기름의 온도(180도) 높여 한 번 더
   튀긴다.

5 케첩소스 만들기
① 팬에 식용유를 두르고 대파, 생강을 넣고 볶는다.
② 양파, 당근을 넣고 빠른 동작으로 볶아준다.
③ 케첩을 넣고 볶은 후 물(1/2컵)을 넣고 끓이며 설
   탕, 소금으로 간을 맞춘다.
④ 물 전분으로 농도를 조절한다.

6 담기
① 케첩소스에 튀겨진 새우와 완두콩을 넣고 섞어준다.
② 참기름 한 방울을 넣고 그릇에 담는다.

새우케첩볶음[干燒蝦仁]

Formal
1. 튀김용 전분 : 물=전분 동량으로 섞어둔다 → 전분이 가라 앉으면 윗물 따라내고 사용한다.
2. 물 전분 : 물(2) : 전분(1)로 섞어서 농도를 낼 때 사용한다.
3. 케첩소스 만들기 : 케첩(3Ts), 물(1/2컵), 설탕(1Ts), 간장(1/2Ts), 물 전분, 칵테일 새우는 물기를 완전히
   제거해야 새우 튀길 때 튀김옷이 벗겨지지 않는다.

능력단위 요소	중식 튀김조리 새우케첩볶음

진단영역	진 단 문 항	매우 미흡	미흡	보통	우수	매우 우수
튀김 준비하기	1. 나는 튀김의 특성을 고려하여 적합한 재료를 선정할 수 있다.	①	②	③	④	⑤
	2. 나는 각 재료를 튀김의 종류에 맞게 준비할 수 있다.	①	②	③	④	⑤
	3. 나는 튀김의 재료에 따라 온도를 조정할 수 있다.	①	②	③	④	⑤
튀김 조리하기	1. 나는 재료를 튀김요리에 맞게 썰 수 있다.	①	②	③	④	⑤
	2. 나는 용도에 따라 튀김옷 재료를 준비할 수 있다.	①	②	③	④	⑤
	3. 나는 조리재료에 따라 기름의 종류, 양과 온도를 조절할 수 있다.	①	②	③	④	⑤
	4. 나는 재료 특성에 맞게 튀김을 할 수 있다.	①	②	③	④	⑤
	5. 나는 사용한 기름의 재사용 또는 폐기를 위한 처리를 할 수 있다.	①	②	③	④	⑤
튀김 완성하기	1. 나는 튀김요리의 종류에 따라 그릇을 선택할 수 있다.	①	②	③	④	⑤
	2. 나는 튀김요리에 어울리는 기초 장식을 할 수 있다.	①	②	③	④	⑤
	3. 나는 표준조리법에 따라 색깔, 맛, 향, 온도를 고려하여 튀김요리를 담을 수 있다.	①	②	③	④	⑤

[진단 결과]

진단영역	문항 수	점 수	점수 ÷ 문항 수
튀김 준비하기	3		
튀김 조리하기	5		
튀김 완성하기	3		
합 계	11		

※ 자신의 점수를 문항 수로 나눈 값이 '3점'이하에 해당하는 영역은 업무를 성공적으로 수행하는데 요구되는 능력이 부족한 것으로 교육훈련이나 개인학습을 통한 개발이 필요함.

【자기 진단 평가표】

이 름		능력단위명	새우케첩볶음 조리
평가일자		201 년 월 일	

지난 주 수업 내용의 핵심 단어는?

학습 목표는?

수업을 통해 할 수 있게 된 조리기술은?

수업에서 부족했던 조리기술은?

부족했던 조리기술을 보완하기 위해 어떻게 할 것인지 구체적으로 기술하시오.

스스로 돌아보기

문항	매우우수	우수	노력요함
수업을 위해 다양한 자료를 찾아보았나요?			
수업에 적극적으로 참여했나요?			
요리를 보다 더 잘 할 수 있도록 노력하였나요?			
그렇게 생각한 이유			

실습 후 작품 사진	작품 설명

양장피잡채

炒肉兩張皮, Chao ro uliang zhangpi

각종 채소와 해산물을 손질하여 접시에 배열한 후 부추와 양파, 고기로 잡채를 만들어 가운데 담아 발효한 겨자소스에 곁들어 먹는 냉채요리로 화려하고 시간과 정성이 필요한 요리이다.

■ 요구사항

※ 주어진 재료를 사용하여 양장피잡채를 만드시오.

가. 양장피는 사방 4cm 정도로 하시오.

나. 고기와 채소는 5cm 정도 길이의 채를 써시오.

다. 겨자는 숙성시켜 사용하시오.

■ 수검자 요구사항

1) 접시에 담아 낼 때 모양에 유의하여야 한다.

2) 볶음 재료와 볶지 않는 재료의 분별에 유의하여야 한다.

3) 조리 작품 만드는 순서는 틀리지 않게 하여야 한다.

4) 숙련된 기능으로 맛을 내야 하므로 조리 작업 시 음식의 맛을 보지 않는다.

5) 지정된 수험자 지참 준비물 이외의 조리기구나 재료를 시험장 내에 지참할 수 없다.

6) 지급 재료는 시험 전 확인하여 이상이 있을 경우 시험위원으로부터 조치를 받고 시험도 중에는 재료의 교환 및 추가 지급은 하지 않는다.

7) 다음과 같은 경우에는 **채점 대상에서 제외한다.**

　　가) 시험 시간 내에 과제 두 가지를 제출하지 못한 경우 : 미완성

　　나) 시험 시간 내에 제출된 과제라도 다음과 같은 경우

　　　(1) 문제의 요구사항대로 작품의 수량이 만들어지지 않은 경우 : 미완성

　　　(2) 해당 과제의 지급 재료 이외의 재료를 사용한 경우 : 오작

　　　(3) 구이를 찜으로 조리하는 등과 같이 조리 방법을 다르게 한 경우 : 오작

　　　(4) 불을 사용하여 만든 조리 작품이 작품 특성에 벗어나는 정도로 타거나 익지 않은 경우 : 실격

　　　(5) 가스레인지 화구 2개 이상 사용한 경우 : 실격

　　　(6) 시험 중 시설·장비(칼, 가스레인지 등) 사용 시 감독위원 및 타 수험자의 시험 진행에 위협이 될 것으로 감독위원 전원이 합의하여 판단한 경우 : 실격

8) 항목별 배점은 위생 상태 및 안전관리 5점, 조리기술 30점, 작품의 평가 15점이다.

■ 평가 (자기 평가/교수 평가)

분야	0~20	41~60	61~80	81~100	비고
안전	/	/	/	/	
위생	/	/	/	/	
조리기술	/	/	/	/	
작품평가	/	/	/	/	

Ingredient

양장피	1/2장	겨자	10g
돼지등심	50g	식초	50ml
양파	1/2개	백설탕	30g
조선부추	30g	육수 또는 물	30ml
건목이버섯	3개	식용유	20ml
당근	30g	새우살	50g
오이	1/3개	갑오징어살	50g
달걀	1개	건해삼	60g
진간장	5ml	소금	3g
참기름	5ml		

1 2 3

4 5

6 7

132

Mise en place

도구

칼, 도마, 냄비, 나무젓가락, 프라이팬

식재료

1. 겨자 발효 시킨다.
2. 양장피를 물에 불린다. (4cm로 자른다)
3. 목이버섯을 물에 불린다.
4. 달걀은 황, 백으로 분리한다.
5. 오이, 당근 : 5×0.3cm로 채 썬다.
6. 양파 : 0.3cm로 썬다.
7. 부추 : 5cm 길이로 썬다.
8. 오징어는 껍질을 벗기고 안쪽에 칼집을 넣어 데쳐서 길이 5cm 두께 0.3cm로 자른다
9. 불린 해삼은 5cm 두께 0.3cm로 썰어서 데 쳐낸다.
10. 돼지고기는 핏물을 제거하고 길이 5cm 두께 0.3cm로 채 썰어 밑간한다.

양장피잡채[炒肉兩張皮]

Formal

1. 겨자소스 : 겨자가루(1Ts)=미지근한 물(1Ts) → 발효 후 + 설탕(1Ts), 식초(1Ts), 물(1Ts), 소금
2. 황백 지단을 만들 때 프라이팬을 깨끗이 닦고 기름 으로 코팅 작업한다.
3. 볶음 재료 : 돼지고기, 양파, 부추, 목이버섯
4. 돌려 담는 재료 : 오이, 당근, 오징어, 해삼, 달걀 지 단, 새우살
5. 양장피의 채소, 해산물, 고기는 길이 5cm 정도의 크기로 유지한다.

Method

1 물 올리기/겨자 발효하기

① 냄비에 물을 붓고 불에 올린다. 목이버섯은 따뜻한 물에 불린다.
② 겨자가루를 미지근한 물에 개어 그릇에 펴서 바른다.
③ 물이 끓으면 냄비에 뚜껑을 덮고 그 위에 올려서 겨 자를 발효시킨다.
④ 양장피는 따뜻한 물에 불린다.

2 채소 손질

① 오이와 당근은 길이 5cm, 두께 0.3cm로 채 썬다.
② 양파는 두께 0.3cm로 채 썬다.
③ 부추는 길이 5cm로 썰어 흰 부분과 파란 부분으로 나 누어 준비한다.

3 해산물 손질

① 새우살은 내장을 제거하고, 오징어는 껍질을 벗겨 안 쪽에 칼집을 넣어 길이 5cm로 자른다.
② 해삼은 세척 후, 포를 떠서 길이 5cm로 채 썬다.
③ 준비된 해산물을 뜨거운 물에 데쳐 찬물에 담가 식힌다.

4 돼지고기 손질/황백 지단 만들기

① 돼지고기는 길이 5cm, 두께 0.3cm로 채 썬다.
② 돼지고기에 소금, 청주, 달걀흰자, 전분을 넣어 밑 간을 한다.
③ 밑간한 돼지고기를 기름에 데친다.
④ 프라이팬을 깨끗이 닦고 황백 지단을 부치고 길이 5cm, 두께 0.3cm로 채 썬다.

5 양장피 만들기

① 접시에 준비된 채소와 해산물을 순서에 따라(오이, 당근, 황지단, 오징어, 해삼, 백지단) 돌려 담는다.
② 불린 양장피를 뜨거운 물에 데쳐 찬물에 식힌 후 4cm로 잘라 참기름, 소금으로 간하여 배열한 재료 안쪽에 두른다.
③ 팬에 식용유를 두르고 간장, 청주를 넣고 목이버섯, 양파, 부추 흰 부분을 넣고 볶는다.
④ ③에 소금 간을 하고 돼지고기와 부추 파란 부분을 넣고 빠른 동작으로 볶는다.
⑤ 참기름을 넣고 볶은 다음, 양장피 담은 중앙에 보기 좋게 올려 놓는다.

6 겨자소스 만들기

① 발효된 겨자에 물 1T : 설탕 1T : 식초 : 1T, 소금 약간, 참기름 약간을 넣고 소스를 만든다.
② 완성한 양장피와 겨자소스를 함께 곁들여 나간다.

능력단위 요소	중식냉채조리 양장피

진단영역	진 단 문 항	매우 미흡	미흡	보통	우수	매우 우수
냉채 준비하기	1. 나는 선택된 메뉴를 고려하여 냉채요리를 선정할 수 있다.	①	②	③	④	⑤
	2. 나는 냉채조리의 특성과 성격을 고려하여 재료를 선정할 수 있다.	①	②	③	④	⑤
	3. 나는 재료를 계절과 재료 수급 등 냉채요리 종류에 맞추어 손질할 수 있다.	①	②	③	④	⑤
기초 장식 만들기	1. 나는 요리에 따른 기초 장식을 선정할 수 있다.	①	②	③	④	⑤
	2. 나는 재료의 특성을 고려하여 기초 장식을 만들 수 있다.	①	②	③	④	⑤
	3. 나는 만들어진 기초 장식을 보관 · 관리할 수 있다.	①	②	③	④	⑤
냉채 조리하기	1. 나는 무침 · 데침 · 찌기 · 삶기 · 조림 등의 조리방법을 표준조리법에 따라 적용할 수 있다.	①	②	③	④	⑤
	2. 나는 해산물, 육류 및 가금류 등 냉채의 일부로서 사용되는 재료를 표준조리법에 따라 준비하여 조리할 수 있다.	①	②	③	④	⑤
	3. 나는 냉채 종류에 따른 적합한 소스를 선택하여 조리할 수 있다.	①	②	③	④	⑤
	4. 나는 숙성 및 발효가 필요한 소스를 조리할 수 있다.	①	②	③	④	⑤
냉채 완성하기	1. 나는 전체 식단의 양과 구성을 고려하여 제공하는 양을 조절할 수 있다.	①	②	③	④	⑤
	2. 나는 냉채 요리의 모양새와 제공 방법을 고려하여 접시를 선택할 수 있다.	①	②	③	④	⑤
	3. 나는 숙성 시간과 온도, 선도를 고려하여 요리를 담아낼 수 있다.	①	②	③	④	⑤
	4. 나는 냉채 요리에 어울리는 기초 장식을 사용할 수 있다.	①	②	③	④	⑤

[진단 결과]

진단영역	문항 수	점 수	점 수 ÷ 문항 수
냉채 준비하기	3		
냉채 기초장식 만들기	3		
냉채 조리하기	4		
냉채 완성하기	4		
합 계	14		

※ 자신의 점수를 문항 수로 나눈 값이 '3점'이하에 해당하는 영역은 업무를 성공적으로 수행하는데 요구되는 능력이 부족한 것으로 교육훈련이나 개인학습을 통한 개발이 필요함.

【자기 진단 평가표】

이 름		능력단위명	양장피잡채 조리
평가일자		201 년 월 일	

지난 주 수업 내용의 핵심 단어는?

학습 목표는?

수업을 통해 할 수 있게 된 조리기술은?

수업에서 부족했던 조리기술은?

부족했던 조리기술을 보완하기 위해 어떻게 할 것인지 구체적으로 기술하시오.

스스로 돌아보기

문항	매우우수	우수	노력요함
수업을 위해 다양한 자료를 찾아보았나요?			
수업에 적극적으로 참여했나요?			
요리를 보다 더 잘 할 수 있도록 노력하였나요?			
그렇게 생각한 이유			

실습 후 작품 사진	작품 설명

오징어냉채

冷拌魷魚, Liang ban you yu

신선한 오징어의 껍질을 벗겨 칼집을 넣은 후 뜨거운 물에 데쳐 발효 겨자소스에 묻혀 먹는 중식 냉채로 오징어의 쫄깃한 맛과 오이의 아삭아삭한 맛, 겨자소스의 매운맛이 일품인 냉채요리

■ 요구사항

※ 주어진 재료를 사용하여 오징어 냉채를 만드시오.

가. 오징어 몸살은 종횡으로 칼집을 내어 3~4cm 정도로 써시오.

나. 오이는 얇게 3cm 정도 편으로 썰어 사용하시오.

다. 겨자를 숙성시킨 후 소스를 만드시오.

■ 수검자 요구사항

1) 오징어 몸살은 반드시 데쳐서 사용하여야 한다.

2) 간을 맞출 때는 소금으로 적당히 맞추어야 한다.

3) 조리 작품 만드는 순서는 틀리지 않게 하여야 한다.

4) 숙련된 기능으로 맛을 내야 하므로 조리 작업 시 음식의 맛을 보지 않는다.

5) 지정된 수험자 지참 준비물 이외의 조리기구나 재료를 시험장 내에 지참할 수 없다.

6) 지급 재료는 시험 전 확인하여 이상이 있을 경우 시험위원으로부터 조치를 받고 시험 도중에는 재료의 교환 및 추가 지급은 하지 않는다.

7) 다음과 같은 경우에는 **채점 대상에서 제외한다.**

　가) 시험 시간 내에 과제 두 가지를 제출하지 못한 경우 : 미완성

　나) 시험 시간 내에 제출된 과제라도 다음과 같은 경우

　(1) 문제의 요구사항대로 작품의 수량이 만들어지지 않은 경우 : 미완성

　(2) 해당 과제의 지급 재료 이외의 재료를 사용한 경우 : 오작

　(3) 구이를 찜으로 조리하는 등과 같이 조리 방법을 다르게 한 경우 : 오작

　(4) 불을 사용하여 만든 조리 작품이 작품 특성에 벗어나는 정도로 타거나 익지 않은 경우 : 실격

　(5) 가스레인지 화구 2개 이상 사용한 경우 : 실격

　(6) 시험 중 시설 · 장비(칼, 가스레인지 등) 사용 시 감독위원 및 타 수험자의 시험 진행에 위협이 될 것으로 감독위원 전원이 합의하여 판단한 경우 : 실격

8) 항목별 배점은 위생 상태 및 안전관리 5점, 조리기술 30점, 작품의 평가 15점이다.

■ 평가 (자기 평가/교수 평가)

분야	0~20	41~60	61~80	81~100	비고
안전	/	/	/	/	
위생	/	/	/	/	
조리기술	/	/	/	/	
작품평가	/	/	/	/	

Ingredient

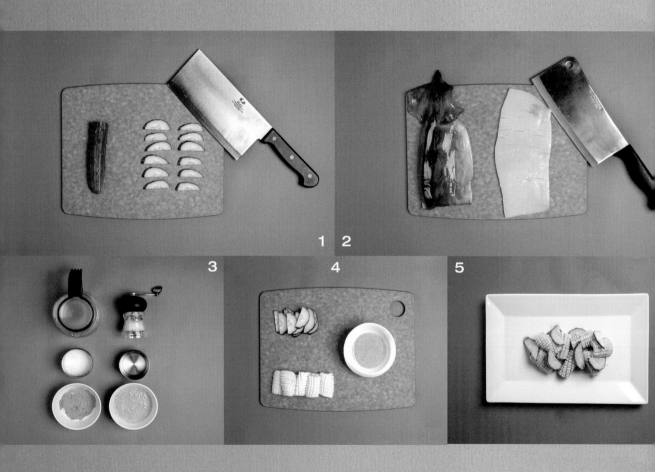

1 2

3 4 5

Mise en place

도구

칼, 도마, 냄비, 채, 계량스푼, 나무젓가락

식재료

1. 미지근한+겨자 분을 섞어 개어서 발효시킨다.
2. 오이는 소금으로 비벼 씻어 길이로 반 갈라 길이 3cm, 두께 0.3cm 어슷 썰어 소금에 절인다.
3. 오징어는 내장을 제거하고 → 껍질을 벗긴 다음 → 안쪽에 0.5cm 간격으로 종·횡으로 칼집을 내어 → 3~4cm 크기로 썬다 → 끓는 물에 데친 다음 → 찬물에 식힌다.

Method

1 물 끓이기/겨자 발효
① 냄비에 물을 끓인다.
② 겨자가루 1Ts에 미지근한 물 1Ts(동량)를 넣어 갠다.
③ 갠 겨자를 냄비 뚜껑에 올려 그 위 열기를 이용하여 발효한다. (약 10분)

2 오이 손질
① 오이는 소금으로 비벼 씻고 반으로 자르고 길이 3cm, 두께 0.3cm 어슷 썬다.
② 어슷 썰기한 오이를 소금에 절인다.

3 오징어 손질하기
① 오징어는 내장을 제거 후 껍질을 벗긴다.
② 오징어 몸통 안쪽에 0.5cm 간격으로 칼집을 낸 후 가로 3cm, 세로 4cm 편으로 썬다.
③ 끓는 물에 오징어를 데쳐 찬물에 식힌다.

4 겨자소스 만들기
발효된 겨자를 식초 1 : 설탕 1 : 물 1 : 참기름을 섞고 잘 풀어서 겨자소스를 만든다.

5 오징어와 오이/겨자소스 무치기
절인 오이를 씻어 물기를 제거하고 오징어도 물기를 제거하여 그릇에 담고 겨자소스 2/3 정도 넣고 섞는다.

6 접시에 담고 마무리하기
① 완성한 오징어냉채를 접시에 보기 좋게 담는다.
② 남은 겨자소스 1/3을 냉채 위에 끼얹는다.

오징어냉채[冷拌魷魚]

Formal

1. 겨자소스 : 겨자 분 1 : 미지근한 물 1 : → 발효 → 식초 1 : 설탕 1 : 소금 약간, 참기름을 섞어 만든다.
   (물 끓인 냄비 뚜껑 위 열기를 이용하여 갠 겨자를 발효시킨다. 약 10분 정도)
2. 오징어 데치기
   오징어는 내장 제거 후 깨끗이 씻고 오징어 안쪽에 칼집을 낸다. → 끓는 물에 소금을 넣은 후 오징어를 데친다.
   (물이 너무 뜨겁거나 오래 삶으면 오징어가 수축되어 질기며, 원하는 형태가 나오지 않는 것에 주의한다.)

진단영역	진 단 문 항	매우 미흡	미흡	보통	우수	매우 우수
냉채 준비하기	1. 나는 선택된 메뉴를 고려하여 냉채요리를 선정할 수 있다.	①	②	③	④	⑤
	2. 나는 냉채조리의 특성과 성격을 고려하여 재료를 선정할 수 있다.	①	②	③	④	⑤
	3. 나는 재료를 계절과 재료 수급 등 냉채요리 종류에 맞추어 손질할 수 있다.	①	②	③	④	⑤
기초 장식 만들기	1. 나는 요리에 따른 기초 장식을 선정할 수 있다.	①	②	③	④	⑤
	2. 나는 재료의 특성을 고려하여 기초 장식을 만들 수 있다.	①	②	③	④	⑤
	3. 나는 만들어진 기초 장식을 보관·관리할 수 있다.	①	②	③	④	⑤
냉채 조리하기	1. 나는 무침·데침·찌기·삶기·조림 등의 조리방법을 표준조리법에 따라 적용할 수 있다.	①	②	③	④	⑤
	2. 나는 해산물, 육류 및 가금류 등 냉채의 일부로서 사용되는 재료를 표준조리법에 따라 준비하여 조리할 수 있다.	①	②	③	④	⑤
	3. 나는 냉채 종류에 따른 적합한 소스를 선택하여 조리할 수 있다.	①	②	③	④	⑤
	4. 나는 숙성 및 발효가 필요한 소스를 조리할 수 있다.	①	②	③	④	⑤
냉채 완성하기	1. 나는 전체 식단의 양과 구성을 고려하여 제공하는 양을 조절할 수 있다.	①	②	③	④	⑤
	2. 나는 냉채 요리의 모양새와 제공 방법을 고려하여 접시를 선택할 수 있다.	①	②	③	④	⑤
	3. 나는 숙성 시간과 온도, 선도를 고려하여 요리를 담아낼 수 있다.	①	②	③	④	⑤
	4. 나는 냉채 요리에 어울리는 기초 장식을 사용할 수 있다.	①	②	③	④	⑤

[진단 결과]

진단영역	문항 수	점 수	점수 ÷ 문항 수
냉채 준비하기	3		
냉채 기초장식 만들기	3		
냉채 조리하기	4		
냉채 완성하기	4		
합 계	14		

※ 자신의 점수를 문항 수로 나눈 값이 '3점'이하에 해당하는 영역은 업무를 성공적으로 수행하는데 요구되는 능력이 부족한 것으로 교육훈련이나 개인학습을 통한 개발이 필요함.

【자기 진단 평가표】

이　름		능력단위명	오징어냉채 조리
평가일자		201 년　　월　　일	

지난 주 수업 내용의 핵심 단어는?

학습 목표는?

수업을 통해 할 수 있게 된 조리기술은?

수업에서 부족했던 조리기술은?

부족했던 조리기술을 보완하기 위해 어떻게 할 것인지 구체적으로 기술하시오.

스스로 돌아보기

문항	매우우수	우수	노력요함
수업을 위해 다양한 자료를 찾아보았나요?			
수업에 적극적으로 참여했나요?			
요리를 보다 더 잘 할 수 있도록 노력하였나요?			
그렇게 생각한 이유			

실습 후 작품 사진	작품 설명

울면

文麵, wen mian

시원한 해물 육수에 각종 채소와 해산물이 넣어 끓인 후 걸쭉하게 전분으로 농도 조절하여 달걀을 푼 중국음식으로 주로 식사 대용으로 많이 먹는다.
주로 글을 공부하는 선비나 유학자들이 많이 먹는다 해서 文麵이라고 하는 설이 있다.

■ 요구사항

※ 주어진 재료를 사용하여 다음과 같이 울면을 만드시오.

가. 오징어, 돼지고기, 대파, 양파, 당근, 배춧잎은 6cm 정도 길이로 채 써시오.

나. 중화면은 끓는 물에 삶아 찬물에 헹군 후 데쳐 사용하시오.

다. 소스는 농도를 잘 맞춘 다음, 달걀을 풀 때 덩어리지지 않게 하시오.

■ 수검자 요구사항

1) 소스 농도에 유의한다.

2) 건목이버섯은 불려서 사용한다.

3) 조리 작품 만드는 순서는 틀리지 않게 하여야 한다.

4) 숙련된 기능으로 맛을 내야 하므로 조리 작업 시 음식의 맛을 보지 않는다.

5) 지정된 수험자 지참 준비물 이외의 조리기구나 재료를 시험장 내에 지참할 수 없다.

6) 지급 재료는 시험 전 확인하여 이상이 있을 경우 시험위원으로부터 조치를 받고 시험도 중에 재료의 교환 및 추가 지급은 하지 않는다.

7) 다음과 같은 경우에는 **채점 대상에서 제외한다.**

　가) 시험 시간 내에 과제 두 가지를 제출하지 못한 경우 : 미완성

　나) 시험 시간 내에 제출된 과제라도 다음과 같은 경우

　　(1) 문제의 요구사항대로 작품의 수량이 만들어지지 않은 경우 : 미완성

　　(2) 해당 과제의 지급 재료 이외의 재료를 사용한 경우 : 오작

　　(3) 구이를 찜으로 조리하는 등과 같이 조리 방법을 다르게 한 경우 : 오작

　　(4) 불을 사용하여 만든 조리 작품이 작품 특성에 벗어나는 정도로 타거나 익지 않은 경우 : 실격

　　(5) 가스레인지 화구 2개 이상 사용한 경우 : 실격

　　(6) 시험 중 시설 · 장비(칼, 가스레인지 등) 사용 시 감독위원 및 타 수험자의 시험 진행에 위협이 될 것으로 감독위원 전원이 합의하여 판단한 경우 : 실격

8) 항목별 배점은 위생 상태 및 안전관리 5점, 조리기술 30점, 작품의 평가 15점이다.

■ 평가 (자기 평가/교수 평가)

분야	0~20	41~60	61~80	81~100	비고
안전	/	/	/	/	
위생	/	/	/	/	
조리기술	/	/	/	/	
작품평가	/	/	/	/	

Ingredient

중화면	150g	양파	1/4개
오징어	50g	달걀	1개
작은 새우살	20g	진간장	5ml
돼지고기	30g	청주	30ml
조선부추	10g	참기름	5ml
대파	1토막	소금	5g
마늘	3쪽	녹말가루(감자전분)	20g
당근	20g	흰 후춧가루	3g
배춧잎	20g	육수 또는 물	500ml
건목이버섯	1개		

Mise en place

도구

칼, 도마, 채, 냄비, 계량컵, 계량스푼

식재료

1. 마늘은 채 썬다.
2. 대파는 길이 6×0.3cm로 채 썬다
3. 양파는 0.3×6cm로 채 썬다.
4. 당근은 0.3×0.3×6cm로 채 썬다.
5. 배춧잎은 어슷하게 저며서 0.3×0.3×6cm 되게 채를 썬다
6. 부추는 길이 6cm로 잘라 준비한다.
7. 오징어는 껍질을 벗겨 씻어 6×0.3cm로 채를 썬다
8. 돼지고기는 핏물을 제거하고 6×0.3cm로 채를 썬다

Method

1 물 끓이기
① 냄비에 물을 담아 불에 올린다.
② 건목이버섯은 따뜻한 물에 불린다.

2 채소 손질
양파, 대파, 당근, 부추, 배춧잎은 6cm 길이로 채를 썬다.

3 해물 손질과 돼지고기 손질
① 오징어는 6cm 정도로 채를 썬다.
② 목이버섯은 한입 크기로 찢어준다.
③ 작은 새우살은 물에 세척한다.
④ 돼지고기는 핏물을 제거하고 6cm 정도로 썬다.

4 면 삶기
① 냄비에 물을 넣고 끓을 때 중화면을 삶는다.
② 면이 익으면 찬물에 행구어 그릇에 담는다.

5 울면 만들기
① 냄비에 물 500ml를 넣고 끓인 후 돼지고기를 넣어 육수를 만든다.
② 거품을 제거한 육수에 해물과 채소를 넣고 끓인다.
③ 간장(1Ts), 소금, 후추로 간을 맞춘다.
④ 물 전분으로 농도를 맞춘다.
⑤ 달걀을 풀어 덩어리가 지지 않게 저어준 후 참기름으로 마무리한다.

6 담기
완성한 울면을 삶아둔 중화면 위에 부어 담는다.

울면[文麺]

Formal

1. 육수 속 재료 : 대파, 양파, 당근, 배춧잎, 오징어, 목이버섯, 돼지고기
2. 육수 간하기 : 물(500ml), 간장(1Ts), 소금, 흰후추
3. 물 전분 : 물(2) : 전분(1)로 섞어서 농도를 낼 때 사용한다.
4. 중화면은 끓는 물에 삶아 찬물에 헹군 후 뜨거운 물에 데쳐 사용한다.
5. 달걀은 육수에 풀어 넣을 때 조금씩 넣어 푼다.

능력단위 요소		중식 면조리 울면

진단영역	진 단 문 항	매우 미흡	미흡	보통	우수	매우 우수
면 준비하기	1. 나는 면의 특성을 고려하여 적합한 밀가루를 선정할 수 있다.	①	②	③	④	⑤
	2. 나는 면 요리 종류에 따라 재료를 준비할 수 있다.	①	②	③	④	⑤
	3. 나는 면 요리 종류에 따라 도구 · 제면기를 선택할 수 있다.	①	②	③	④	⑤
반죽하여 면 뽑기	1. 나는 면의 종류에 따라 적합한 반죽하여 숙성할 수 있다.	①	②	③	④	⑤
	2. 나는 면 요리에 따라 제면기를 이용하여 면을 뽑을 수 있다.	①	②	③	④	⑤
	3. 나는 면 요리에 따라 면의 두께를 조절할 수 있다.	①	②	③	④	⑤
면 삶아 담기	1. 나는 면의 종류와 양에 따라 끓는 물에 삶을 수 있다.	①	②	③	④	⑤
	2. 나는 삶은 면을 찬물에 헹구어 면을 탄력 있게 할 수 있다.	①	②	③	④	⑤
	3. 나는 메뉴에 따라 적합한 그릇을 선택하여 차거나 따뜻하게 담을 수 있다.	①	②	③	④	⑤
요리별 조리하여 완성하기	1. 나는 메뉴에 따라 소스나 국물을 만들 수 있다.	①	②	③	④	⑤
	2. 나는 요리별 표준조리법에 따라 색깔, 맛, 향, 온도, 농도, 국물의 양을 고려하여 소스나 국물을 담을 수 있다.	①	②	③	④	⑤
	3. 나는 메뉴에 따라 어울리는 기초 장식을 할 수 있다.	①	②	③	④	⑤

[진단 결과]

진단영역	문항 수	점 수	점수 ÷ 문항 수
면 준비하기	3		
반죽하여 면 뽑기	3		
면 삶아 담기	3		
요리별 조리하여 완성하기	3		
합 계	12		

※ 자신의 점수를 문항 수로 나눈 값이 '3점'이하에 해당하는 영역은 업무를 성공적으로 수행하는데 요구되는 능력이 부족한 것으로 교육훈련이나 개인학습을 통한 개발이 필요함.

【자기 진단 평가표】

이 름		능력단위명	울면 조리
평가일자		201 년 월 일	

지난 주 수업 내용의 핵심 단어는?

학습 목표는?

수업을 통해 할 수 있게 된 조리기술은?

수업에서 부족했던 조리기술은?

부족했던 조리기술을 보완하기 위해 어떻게 할 것인지 구체적으로 기술하시오.

스스로 돌아보기

문항	매우우수	우수	노력요함
수업을 위해 다양한 자료를 찾아보았나요?			
수업에 적극적으로 참여했나요?			
요리를 보다 더 잘 할 수 있도록 노력하였나요?			
그렇게 생각한 이유			

실습 후 작품 사진	작품 설명

유니짜장면 肉泥炸醬麵

양파와 호박을 잘게 썰어 볶은 춘장소스와 다진 고기를 넣어 만든 짜장소스와 탱탱하고 쫄깃한 면발이 으뜸인
중국요리로 식사를 대표하는 국수요리이다.

■ 요구사항

※ 주어진 재료를 사용하여 다음과 같이 유니짜장면을 만드시오.

가. 춘장은 기름에 볶아서 사용하시오.
나. 양파, 호박은 0.5×0.5cm 정도 크기의 네모꼴로 써시오.
다. 중화면은 끓는 물에 삶아 찬물에 행군 후 데쳐 사용하시오.
라. 삶은 면에 짜장소스를 부어 오이 채를 올려내시오.

■ 수검자 요구사항

1) 면이 붙지 않도록 유의한다.

2) 짜장소스의 농도에 유의한다.

3) 조리 작품 만드는 순서는 틀리지 않게 하여야 한다.

4) 숙련된 기능으로 맛을 내야 하므로 조리 작업 시 음식의 맛을 보지 않는다.

5) 지정된 수험자 지참 준비물 이외의 조리기구나 재료를 시험장 내에 지참할 수 없다.

6) 지급 재료는 시험 전 확인하여 이상이 있을 경우 시험위원으로부터 조치를 받고 시험도
   중에 재료의 교환 및 추가 지급은 하지 않는다.

7) 다음과 같은 경우에는 **채점 대상에서 제외한다.**

　가) 시험 시간 내에 과제 두 가지를 제출하지 못한 경우 : 미완성

　나) 시험 시간 내에 제출된 과제라도 다음과 같은 경우

　　(1) 문제의 요구사항대로 작품의 수량이 만들어지지 않은 경우 : 미완성

　　(2) 해당 과제의 지급 재료 이외의 재료를 사용한 경우 : 오작

　　(3) 구이를 찜으로 조리하는 등과 같이 조리 방법을 다르게 한 경우 : 오작

　　(4) 불을 사용하여 만든 조리 작품이 작품 특성에 벗어나는 정도로 타거나 익지 않은
　　　　경우 : 실격

　　(5) 가스레인지 화구 2개 이상 사용한 경우 : 실격

　　(6) 시험 중 시설·장비(칼, 가스레인지 등) 사용 시 감독위원 및 타 수험자의 시험 진
　　　　행에 위협이 될 것으로 감독위원 전원이 합의하여 판단한 경우 : 실격

8) 항목별 배점은 위생 상태 및 안전관리 5점, 조리기술 30점, 작품의 평가 15점이다.

■ 평가 (자기 평가/교수 평가)

분야	0~20	41~60	61~80	81~100	비고
안전	/	/	/	/	
위생	/	/	/	/	
조리기술	/	/	/	/	
작품평가	/	/	/	/	

Ingredient

돼지 등심	50g	청주	50ml
중화면	150g	소금	10g
양파	1개	백설탕	20g
호박	50g	참기름	10ml
오이	1/4개	녹말가루(감자전분)	50g
춘장	50g	식용유	100ml
생강	10g	육수 또는 물	200ml
진간장	50ml		

1   2   3
4   5   6

Mise en place

칼, 도마, 채, 프라이팬, 냄비, 계량컵,
계량스푼, 나무주걱

식재료

1. 양파, 호박은 0.5×0.5cm 네모꼴로 썬다.
2. 오이는 5×0.2cm로 채 썬다.
3. 생강은 채 썬다.
4. 춘장을 볶는다.

Method

1 물 끓이기

냄비에 물을 담아 불에 올린다.

2 채소 손질

① 양파 가로세로 0.5cm 길이로 네모꼴로 썬다.
② 호박은 가로세로 0.5cm 길이로 네모꼴로 썬다.
③ 오이는 채를 썬다.
④ 생강은 다진다.

3 돼지고기 손질

다져진 돼지고기를 한 번 더 다진다.

4 춘장 볶기

① 팬에 기름을 넉넉히 두르고 춘장을 볶는다.
② 기름과 춘장이 골고루 섞이도록 나무주걱으로 자주
　저어준다.

5 짜장소스 만들기

① 프라이팬에 기름을 두르고 고기와 생강을 넣고
　볶는다.
② 간장과 청주를 넣는다.
③ 양파, 호박을 넣고 볶는다.
④ 볶은 춘장을 넣어서 볶는다.
⑤ 육수 200ml을 넣고 끓인 후 설탕, 소금으로 간을
　한다.
⑥ 물 전분으로 농도를 맞추고 참기름을 한 방울 넣는다.

6 면 삶기/고명 올리기

① 끓는 물에 중화면을 넣고 삶는다.
② 면이 익으면 찬물에 행구어 뜨거운 물에 데친 후
　물기를 제거하고 그릇에 담는다.
③ 만든 짜장소스를 면 위에 올린다.
④ 채 썬 오이를 고명으로 올린다.

유니짜장면[肉泥炸醬麵]

Formal

1. 짜장소스 : 춘장(1Ts), 육수 (1컵), 설탕 (1/2Ts), 소금, 간장(약간), 청주(약간), 물 전분(2Ts)
2. 춘장은 기름에 볶아서 사용한다.
　춘장은 강한 불에 볶으면 쓴맛이 나므로 중불에 약 2분 정도 서서히 볶는다.

능력단위 요소	중식 면조리 유니짜장면

진단영역	진 단 문 항	매우 미흡	미흡	보통	우수	매우 우수
면 준비하기	1. 나는 면의 특성을 고려하여 적합한 밀가루를 선정할 수 있다.	①	②	③	④	⑤
	2. 나는 면 요리 종류에 따라 재료를 준비할 수 있다.	①	②	③	④	⑤
	3. 나는 면 요리 종류에 따라 도구 · 제면기를 선택할 수 있다.	①	②	③	④	⑤
반죽하여 면 뽑기	1. 나는 면의 종류에 따라 적합한 반죽하여 숙성할 수 있다.	①	②	③	④	⑤
	2. 나는 면 요리에 따라 제면기를 이용하여 면을 뽑을 수 있다.	①	②	③	④	⑤
	3. 나는 면 요리에 따라 면의 두께를 조절할 수 있다.	①	②	③	④	⑤
면 삶아 담기	1. 나는 면의 종류와 양에 따라 끓는 물에 삶을 수 있다.	①	②	③	④	⑤
	2. 나는 삶은 면을 찬물에 헹구어 면을 탄력 있게 할 수 있다.	①	②	③	④	⑤
	3. 나는 메뉴에 따라 적합한 그릇을 선택하여 차거나 따뜻하게 담을 수 있다.	①	②	③	④	⑤
요리별 조리하여 완성하기	1. 나는 메뉴에 따라 소스나 국물을 만들 수 있다.	①	②	③	④	⑤
	2. 나는 요리별 표준조리법에 따라 색깔, 맛, 향, 온도, 농도, 국물의 양을 고려하여 소스나 국물을 담을 수 있다.	①	②	③	④	⑤
	3. 나는 메뉴에 따라 어울리는 기초 장식을 할 수 있다.	①	②	③	④	⑤

[진단 결과]

진단영역	문항 수	점 수	점수 ÷ 문항 수
면 준비하기	3		
반죽하여 면 뽑기	3		
면 삶아 담기	3		
요리별 조리하여 완성하기	3		
합 계	12		

※ 자신의 점수를 문항 수로 나눈 값이 '3점'이하에 해당하는 영역은 업무를 성공적으로 수행하는데 요구되는 능력이 부족한 것으로 교육훈련이나 개인학습을 통한 개발이 필요함.

【자기 진단 평가표】

이　름		능력단위명	유니짜장면 조리
평가일자		201 년　　월　　일	

지난 주 수업 내용의 핵심 단어는?

학습 목표는?

수업을 통해 할 수 있게 된 조리기술은?

수업에서 부족했던 조리기술은?

부족했던 조리기술을 보완하기 위해 어떻게 할 것인지 구체적으로 기술하시오.

스스로 돌아보기

문항	매우우수	우수	노력요함
수업을 위해 다양한 자료를 찾아보았나요?			
수업에 적극적으로 참여했나요?			
요리를 보다 더 잘 할 수 있도록 노력하였나요?			
그렇게 생각한 이유			

실습 후 작품 사진	작품 설명

채소볶음 ── 什錦秒菜, Shi jin chao shu chai

각종 신선한 채소를 프라이팬에 볶은 후 양념한 음식이다. 다양한 색의 채소를 선택하여 채소의 신선한 맛과 부드러운 맛이 나오도록 빠른 동작으로 센 불에서 만들어야 한다.

■ 요구사항

※ 주어진 재료를 사용하여 채소볶음을 만드시오.

가. 모든 채소는 길이 4cm 정도의 편으로 써시오.

나. 대파, 마늘, 생강을 제외한 모든 채소는 끓는 물에 살짝 데쳐서 사용하시오.

■ 수검자 요구사항

1) 팬에 붙거나 타지 않게 볶아야 한다.

2) 재료에서 물이 흘러나오지 않게 색을 살려야 한다.

3) 조리 작품 만드는 순서는 틀리지 않게 하여야 한다.

4) 숙련된 기능으로 맛을 내야 하므로 조리 작업 시 음식의 맛을 보지 않는다.

5) 지정된 수험자 지참 준비물 이외의 조리기구나 재료를 시험장 내에 지참할 수 없다.

6) 지급 재료는 시험 전 확인하여 이상이 있을 경우 시험위원으로부터 조치를 받고 시험도 중에는 재료의 교환 및 추가 지급은 하지 않는다.

7) 다음과 같은 경우에는 **채점 대상에서 제외한다.**

　가) 시험 시간 내에 과제 두 가지를 제출하지 못한 경우 : 미완성

　나) 시험 시간 내에 제출된 과제라도 다음과 같은 경우

　　(1) 문제의 요구사항대로 작품의 수량이 만들어지지 않은 경우 : 미완성

　　(2) 해당 과제의 지급 재료 이외의 재료를 사용한 경우 : 오작

　　(3) 구이를 찜으로 조리하는 등과 같이 조리 방법을 다르게 한 경우 : 오작

　　(4) 불을 사용하여 만든 조리 작품이 작품 특성에 벗어나는 정도로 타거나 익지 않은 경우 : 실격

　　(5) 가스레인지 화구 2개 이상 사용한 경우 : 실격

　　(6) 시험 중 시설·장비(칼, 가스레인지 등) 사용 시 감독위원 및 타 수험자의 시험 진행에 위협이 될 것으로 감독위원 전원이 합의하여 판단한 경우 : 실격

8) 항목별 배점은 위생 상태 및 안전관리 5점, 조리기술 30점, 작품의 평가 15점이다.

■ 평가 (자기 평가/교수 평가)

분야	0~20	41~60	61~80	81~100	비고
안전	/	/	/	/	
위생	/	/	/	/	
조리기술	/	/	/	/	
작품평가	/	/	/	/	

Ingredient

청경채	1개	청주	5ml
대파	1토막	참기름	5ml
당근	50g	육수 또는 물	50ml
죽순	30g	마늘	1쪽
청피망	1/3개	흰 후춧가루	2g
건표고버섯	2개	생강	5g
식용유	45ml	셀러리	30g
소금	5g	양송이	2개
진간장	5ml	녹말가루(감자전분)	20g

1 2
3 4

Mise en place

도구

칼, 도마, 채, 냄비, 프라이팬, 계량스푼, 계량컵

식재료

1. 청경채, 당근, 피망은 길이 4×1cm로 편으로 썬다.
2. 셀러리는 섬유질을 제거하여 4×1cm로 편으로 썬다.
3. 죽순은 석회질을 제거하여 4×1cm로 편으로 썬다.
4. 양송이, 표고버섯은 0.2cm 두께로 편으로 썬다.
5. 대파는 4×1cm로 편으로 썰고
6. 마늘, 생강도 0.2cm 두께로 편으로 썬다.

Method

1 물 끓이기

냄비에 물을 담아 불을 올린다.

2 채소 손질

① 따뜻한 물에 표고버섯을 불린다.
② 죽순은 석회질을 제거하고 셀러리는 섬유질을 제거한다.
③ 죽순, 당근, 청경채, 피망은 길이 4cm, 폭 1cm 정도의 편으로 썬다.
④ 표고버섯, 양송이버섯, 죽순을 길이 4cm, 폭 1cm 길이 0.2cm 두께로 편으로 썬다.
⑤ 셀러리를 길이 4cm, 폭 1cm 길이로 편으로 썬다.

3 채소 데치기

물이 끓으면 청경채, 피망, 셀러리, 당근, 죽순, 양송이, 표고버섯을 살짝 데친다.

4 물 전분 만들기

물과 전분을 2 : 1 비율로 물 전분을 만든다.

5 채소 볶기

① 팬을 달구어 식용유를 두루고 마늘, 대파, 생강을 볶다가 청주를 약간 넣는다.
② 당근, 표고버섯, 양송이, 청경채, 피망, 셀러리, 죽순을 넣고 빠른 동작으로 볶는다.
③ 물(1/4컵)을 붓고 소금, 간장(1t)으로 간을 한 후 끓어오르면 물 전분으로 농도를 조절한다.

6 담기

완성된 채소 볶음에 참기름을 넣고 마무리하여 그릇에 담는다.

채소볶음[什錦秒菜]

Formal

1. 물 전분 : 물(2) : 전분(1)
2. 대파, 마늘, 생강을 제외한 모든 채소는 물에 데쳐서 사용한다.
3. 채소볶음은 각각 채소의 색이 살아 있도록 살짝 볶아야 하며 국물은 없게 한다.

능력단위 요소	중식볶음조리 채소볶음

진단영역	진 단 문 항	매우 미흡	미흡	보통	우수	매우 우수
볶음 준비하기	1. 나는 볶음의 특성을 고려하여 적합한 재료를 선정할 수 있다.	①	②	③	④	⑤
	2. 나는 볶음 방법에 따른 조리용 매개체(물, 기름류, 양념류)를 이용하고 선정할 수 있다.	①	②	③	④	⑤
	3. 나는 각 재료를 볶음의 종류에 맞게 준비할 수 있다.	①	②	③	④	⑤
볶음 조리하기	1. 나는 재료를 볶음요리에 맞게 썰 수 있다.	①	②	③	④	⑤
	2. 나는 썰어진 재료를 조리 순서에 맞게 기름에 익히거나 물에 데칠 수 있다.	①	②	③	④	⑤
	3. 나는 화력의 강약을 조절하고 양념과 향신료를 첨가하여 볶음 요리를 할 수 있다.	①	②	③	④	⑤
	4. 나는 메뉴별 표준조리법에 따라 전분을 이용하여 볶음 요리의 농도 를 조절할 수 있다.	①	②	③	④	⑤
볶음 완성하기	1. 나는 볶음요리의 종류와 제공방법에 따른 그릇을 선택할 수 있다.	①	②	③	④	⑤
	2. 나는 메뉴에 따라 어울리는 기초 장식을 할 수 있다.	①	②	③	④	⑤
	3. 나는 메뉴의 표준조리법에 따라 볶음요리를 담을 수 있다.	①	②	③	④	⑤

[진단 결과]

진단영역	문항 수	점 수	점수 ÷ 문항 수
볶음 준비하기	3		
볶음 조리하기	4		
볶음 완성하기	3		
합 계	10		

※ 자신의 점수를 문항 수로 나눈 값이 '3점'이하에 해당하는 영역은 업무를 성공적으로 수행하는데 요구되는 능력이 부족한 것으로 교육훈련이나 개인학습을 통한 개발이 필요함.

【자기 진단 평가표】

이 름		능력단위명	채소볶음 조리
평가일자	201 년 월 일		

지난 주 수업 내용의 핵심 단어는?

학습 목표는?

수업을 통해 할 수 있게 된 조리기술은?

수업에서 부족했던 조리기술은?

부족했던 조리기술을 보완하기 위해 어떻게 할 것인지 구체적으로 기술하시오.

스스로 돌아보기

문항	매우우수	우수	노력요함
수업을 위해 다양한 자료를 찾아보았나요?			
수업에 적극적으로 참여했나요?			
요리를 보다 더 잘 할 수 있도록 노력하였나요?			
그렇게 생각한 이유			

실습 후 작품 사진	작품 설명

탕수생선살

糖酸鮮魚, tang cu sun yu

흰 생선살을 손질한 후 튀김옷에 묻혀 기름에 튀겨 달콤새콤한 탕수소스에 버무린 요리이다.
생선을 튀겨서 탕수소스에 버무린 요리로 생선의 겉 부분은 바삭하고 속살이 부드럽고 고소하다.

■ 요구사항

※ 주어진 재료를 사용하여 다음과 같이 탕수생선살을 만드시오.

가. 생선살은 1×4cm 크기로 썰어 사용하시오.

나. 채소는 편으로 썰어 사용하시오.

■ 수검자 요구사항

1) 튀긴 생선은 바삭함이 유지되도록 한다.

2) 소스 녹말가루 농도에 유의한다.

3) 조리 작품 만드는 순서는 틀리지 않게 하여야 한다.

4) 숙련된 기능으로 맛을 내야 하므로 조리 작업 시 음식의 맛을 보지 않는다.

5) 지정된 수험자 지참 준비물 이외의 조리기구나 재료를 시험장 내에 지참할 수 없다.

6) 지급 재료는 시험 전 확인하여 이상이 있을 경우 시험위원으로부터 조치를 받고 시험도 중에 재료의 교환 및 추가 지급은 하지 않는다.

7) 다음과 같은 경우에는 **채점 대상에서 제외한다.**

   가) 시험 시간 내에 과제 두 가지를 제출하지 못한 경우 : 미완성

   나) 시험 시간 내에 제출된 과제라도 다음과 같은 경우

   (1) 문제의 요구사항대로 작품의 수량이 만들어지지 않은 경우 : 미완성

   (2) 해당 과제의 지급 재료 이외의 재료를 사용한 경우 : 오작

   (3) 구이를 찜으로 조리하는 등과 같이 조리 방법을 다르게 한 경우 : 오작

   (4) 불을 사용하여 만든 조리 작품이 작품 특성에 벗어나는 정도로 타거나 익지 않은 경우 : 실격

   (5) 가스레인지 화구 2개 이상 사용한 경우 : 실격

   (6) 시험 중 시설ㆍ장비(칼, 가스레인지 등) 사용 시 감독위원 및 타 수험자의 시험 진행에 위협이 될 것으로 감독위원 전원이 합의하여 판단한 경우 : 실격

8) 항목별 배점은 위생 상태 및 안전관리 5점, 조리기술 30점, 작품의 평가 15점이다.

■ 평가 (자기 평가/교수 평가)

분야	0~20	41~60	61~80	81~100	비고
안전	/	/	/	/	
위생	/	/	/	/	
조리기술	/	/	/	/	
작품평가	/	/	/	/	

Ingredient

흰 생선살	150g	식용유	600ml
당근	30g	식초	60ml
오이	1/6개	설탕	100g
완두콩	20g	진간장	30ml
파인애플	1쪽	달걀	1개
건목이버섯	2개	육수	300ml
녹말가루(감자전분) 200g			

1 2

3 4 5

Mise en place

도구

칼, 도마, 채, 냄비, 튀김냄비, 프라이팬, 계량스푼, 계량컵

식재료

1. 당근, 오이는 길이 4cm, 폭 1cm 정도의 편으로 썬다
2. 파인애플은 4cm 크기로 썬다.
3. 완두콩은 씻어서 물기를 뺀다.
4. 생선살은 물기를 제거하고 1×4cm 크기로 썬다.

Method

1 물 끓이기/튀김용 전분 만들기

① 냄비에 물을 담아 불에 올린다.
② 건목이버섯을 따뜻한 물에 불린다.
③ 물과 전분을 같은 양으로 넣어 튀김용 전분을 만든다.

2 채소 손질

① 당근, 오이, 파인애플은 1×4cm 크기로 썬다.
② 완두콩은 세척하여 준비한다.
③ 불린 목이버섯은 한입 크기로 뜯는다.

3 생선살 손질하기

① 흰 생선살을 해동한 후 물기를 제거한다.
② 생선살은 길이 4cm, 폭 1cm 크기로 썬다.

4 생선살 튀기기

① 정선한 생선에 튀김용 전분, 달걀을 넣어 튀김옷을 입힌다.
② 기름을 올리고 준비된 생선살을 1차로 튀긴다.
③ 튀긴 생선을 기름 온도가 올라가면 한 번 더 바삭하게 튀긴다.

5 탕수소스 만들기

① 팬에 기름을 두르고 간장(1Ts)을 넣어 향을 낸 후 육수300ml을 넣어 끓인다.
② 설탕(100g), 식초(60ml) 넣고 끓인다.
③ 당근, 완두콩, 목이버섯, 파인애플을 넣어 끓인 후 오이를 넣는다.
④ 물 전분으로 농도를 맞춘다.

6 완성하기

① 소스가 만들어지면 튀겨낸 생선살을 넣고 버무린다.
② 그릇에 보기 좋게 담는다.

탕수생선살[糖酸鮮魚]

Formal

1. 튀김용 전분 : 물=전분 동량으로 섞어둔다 → 전분이 가라 앉으면 윗물 따라내고 사용한다.
2. 물 전분 : 물(2) : 전분(1)로 섞어서 농도를 낼 때 사용한다.
3. 생선살을 튀길 때 온도를 1차로 160℃, 2차는 180℃에서 바삭하게 튀겨낸다
4. 오이는 마지막에 넣어 탈색을 막는다

능력단위 요소	중식 튀김조리 탕수생선살

진단영역	진 단 문 항	매우 미흡	미흡	보통	우수	매우 우수
튀김 준비하기	1. 나는 튀김의 특성을 고려하여 적합한 재료를 선정할 수 있다.	①	②	③	④	⑤
	2. 나는 각 재료를 튀김의 종류에 맞게 준비할 수 있다.	①	②	③	④	⑤
	3. 나는 튀김의 재료에 따라 온도를 조정할 수 있다.	①	②	③	④	⑤
튀김 조리하기	1. 나는 재료를 튀김요리에 맞게 썰 수 있다.	①	②	③	④	⑤
	2. 나는 용도에 따라 튀김옷 재료를 준비할 수 있다.	①	②	③	④	⑤
	3. 나는 조리재료에 따라 기름의 종류, 양과 온도를 조절할 수 있다.	①	②	③	④	⑤
	4. 나는 재료 특성에 맞게 튀김을 할 수 있다.	①	②	③	④	⑤
	5. 나는 사용한 기름의 재사용 또는 폐기를 위한 처리를 할 수 있다.	①	②	③	④	⑤
튀김 완성하기	1. 나는 볶음요리의 종류와 제공방법에 따른 그릇을 선택할 수 있다.	①	②	③	④	⑤
	2. 나는 메뉴에 따라 어울리는 기초 장식을 할 수 있다.	①	②	③	④	⑤
	3. 나는 메뉴의 표준조리법에 따라 볶음요리를 담을 수 있다.	①	②	③	④	⑤

[진단 결과]

진단영역	문항 수	점 수	점수 ÷ 문항 수
튀김 준비하기	3		
튀김 조리하기	5		
튀김 완성하기	3		
합 계	10		

※ 자신의 점수를 문항 수로 나눈 값이 '3점'이하에 해당하는 영역은 업무를 성공적으로 수행하는데 요구되는 능력이 부족한 것으로 교육훈련이나 개인학습을 통한 개발이 필요함.

【자기 진단 평가표】

이 름		능력단위명	탕수생선살 조리
평가일자		201 년 월 일	

지난 주 수업 내용의 핵심 단어는?

학습 목표는?

수업을 통해 할 수 있게 된 조리기술은?

수업에서 부족했던 조리기술은?

부족했던 조리기술을 보완하기 위해 어떻게 할 것인지 구체적으로 기술하시오.

스스로 돌아보기

문항	매우우수	우수	노력요함
수업을 위해 다양한 자료를 찾아보았나요?			
수업에 적극적으로 참여했나요?			
요리를 보다 더 잘 할 수 있도록 노력하였나요?			
그렇게 생각한 이유			

실습 후 작품 사진	작품 설명

탕수육

糖醋肉, Tang cu rou

중국요리 중 가장 대표적인 요리로 돼지고기를 바삭하게 튀겨 새콤달콤한 탕수육소스에 버무린 요리로,
돼지고기를 사용하면 탕수육[糖水肉], 소고기를 사용하면 탕수우육[糖水牛肉]이라고 한다.

■ 요구사항

※ 주어진 재료를 사용하여 탕수육을 만드시오.

가. 돼지고기는 길이를 4cm 정도로 하고 두께는 1cm 정도의 긴 사각형 크기로 써시오.

나. 채소는 편으로 써시오.

■ 수검자 요구사항

1) 소스 녹말가루 농도에 유의한다.

2) 맛은 시고 단맛이 동일하여야 한다.

3) 조리 작품 만드는 순서는 틀리지 않게 하여야 한다.

4) 숙련된 기능으로 맛을 내야 하므로 조리 작업 시 음식의 맛을 보지 않는다.

5) 지정된 수험자 지참 준비물 이외의 조리기구나 재료를 시험장 내에 지참할 수 없다.

6) 지급 재료는 시험 전 확인하여 이상이 있을 경우 시험위원으로부터 조치를 받고 시험도 중에는 재료의 교환 및 추가 지급은 하지 않는다.

7) 다음과 같은 경우에는 **채점 대상에서 제외한다.**

　가) 시험 시간 내에 과제 두 가지를 제출하지 못한 경우 : 미완성

　나) 시험 시간 내에 제출된 과제라도 다음과 같은 경우

　　(1) 문제의 요구사항대로 작품의 수량이 만들어지지 않은 경우 : 미완성

　　(2) 해당 과제의 지급 재료 이외의 재료를 사용한 경우 : 오작

　　(3) 구이를 찜으로 조리하는 등과 같이 조리 방법을 다르게 한 경우 : 오작

　　(4) 불을 사용하여 만든 조리 작품이 작품 특성에 벗어나는 정도로 타거나 익지 않은 경우 : 실격

　　(5) 가스레인지 화구 2개 이상 사용한 경우 : 실격

　　(6) 시험 중 시설 · 장비(칼, 가스레인지 등) 사용 시 감독위원 및 타 수험자의 시험 진 행에 위협이 될 것으로 감독위원 전원이 합의하여 판단한 경우 : 실격

8) 항목별 배점은 위생 상태 및 안전관리 5점, 조리기술 30점, 작품의 평가 15점이다.

■ 평가 (자기 평가/교수 평가)

분야	0~20	41~60	61~80	81~100	비고
안전	/	/	/	/	
위생	/	/	/	/	
조리기술	/	/	/	/	
작품평가	/	/	/	/	

Ingredient

돼지등심	200g	백설탕	30g
진간장	15ml	대파	1토막
달걀	1개	당근	30g
녹말가루 (감자전분)	200g	완두	15g
식용유	800ml	오이	1/10개
육수 또는 물	200ml	건목이버섯	2개
식초	52ml	양파	1/4개
		청주	15ml

1 2

3 4 5

Mise en place

도구

칼, 도마, 채, 튀김냄비, 계량스푼, 계량컵, 프라이팬, 나무젓가락

식재료

1. 튀김용 전분을 만든다.
2. 오이, 당근, 양파는 4×2cm 크기의 편으로 썬다.
3. 대파, 생강은 2×1cm 정도의 편으로 썬다.
4. 목이버섯은 불린 후 한입 크기로 뜯어둔다.
5. 돼지고기는 핏물을 제거한 후 4×1cm 크기로 썬다.

Method

1 물을 끓이기 / 튀김용 전분 만들기

① 냄비에 물을 붓고 끓인다.
② 전분과 물을 같은 비율로 섞어서 튀김용 전분을 만들어 둔다.

2 채소 손질

① 오이, 당근, 양파는 가로 4cm, 세로 2cm 크기의 편으로 썬다.
② 대파, 생강은 주재료 채소보다 작게 가로 2cm, 세로 1cm 크기의 편으로 썬다.
③ 목이버섯은 따뜻한 물에 불린 후 손으로 한입 크기로 뜯어둔다.

3 돼지고기 손질/튀기기

① 돼지고기는 핏물을 제거한 후 길이 4cm, 폭 1cm 크기로 썬 후 청주와 간장으로 밑간을 한 다음 튀김용 전분과 달걀을 넣고 반죽을 한다.
② 튀김냄비에 기름을 붓고 온도가 오르면(160℃) 반죽한 돼지고기를 튀긴다.
③ 1차 튀겨진 돼지고기를 꺼낸 후 2차 온도(180℃)가 되면 한 번 더 튀겨준다.

4 탕수육소스 만들기

① 팬에 식용유를 두르고 생강, 대파를 넣고 볶은 후 간장(1T)으로 색을 맞추고 물(1cup), 설탕(3T), 식초(1T) 넣고 끓인다.
② 끓으면 준비된 채소를 넣고 물 전분으로 농도를 조절한다.

5 소스와 탕수육 고기 버무리기

완성된 소스에 튀겨진 탕수육 고기와 소스가 잘 혼합되도록 고루 섞어준다.

6 담기

탕수육이 완성되면 참기름 한 방울을 첨가하여 접시에 보기 좋게 담아낸다.

탕수육[糖醋肉]

Formal

1. 탕수육소스 : 물[200g(1컵)], 설탕(3Ts), 식초(1Ts), 간장(1Ts)
2. 탕수육 튀김온도 : 1차 : 160~180℃ = → 2차 : 180~200℃
3. 튀김용 전분 : 물 = 전분 동량으로 섞어둔다 → 전분이 가라 앉으면 윗물 따라내고 사용한다.
4. 물 전분 만든다 : 물(2) : 전분(1)
5. 탕수육 고기에 밑간에 사용하는 간장이 많이 들어가면 탕수육 고기가 검게 변하는 것에 주의한다.

능력단위 요소	중식 튀김조리 탕수육

진단영역	진 단 문 항	매우 미흡	미흡	보통	우수	매우 우수
튀김 준비하기	1. 나는 튀김의 특성을 고려하여 적합한 재료를 선정할 수 있다.	①	②	③	④	⑤
	2. 나는 각 재료를 튀김의 종류에 맞게 준비할 수 있다.	①	②	③	④	⑤
	3. 나는 튀김의 재료에 따라 온도를 조정할 수 있다.	①	②	③	④	⑤
튀김 조리하기	1. 나는 재료를 튀김요리에 맞게 썰 수 있다.	①	②	③	④	⑤
	2. 나는 용도에 따라 튀김옷 재료를 준비할 수 있다.	①	②	③	④	⑤
	3. 나는 조리재료에 따라 기름의 종류, 양과 온도를 조절 할 수 있다.	①	②	③	④	⑤
	4. 나는 재료 특성에 맞게 튀김을 할 수 있다.	①	②	③	④	⑤
	5. 나는 사용한 기름의 재사용 또는 폐기를 위한 처리를 할 수 있다.	①	②	③	④	⑤
튀김 완성하기	1. 나는 튀김요리의 종류에 따라 그릇을 선택할 수 있다.	①	②	③	④	⑤
	2. 나는 튀김요리에 어울리는 기초 장식을 할 수 있다.	①	②	③	④	⑤
	3. 나는 표준조리법에 따라 색깔, 맛, 향, 온도를 고려하 여 튀김요리를 담을 수 있다.	①	②	③	④	⑤

[진단 결과]

진단영역	문항 수	점 수	점수 ÷ 문항 수
튀김 준비하기	3		
튀김 조리하기	5		
튀김 완성하기	3		
합 계	11		

※ 자신의 점수를 문항 수로 나눈 값이 '3점'이하에 해당하는 영역은 업무를 성공적으로 수행하는데 요구되는
능력이 부족한 것으로 교육훈련이나 개인학습을 통한 개발이 필요함.

【자기 진단 평가표】

이 름		능력단위명	탕수육 조리
평가일자		201 년 월 일	

지난 주 수업 내용의 핵심 단어는?

학습 목표는?

수업을 통해 할 수 있게 된 조리기술은?

수업에서 부족했던 조리기술은?

부족했던 조리기술을 보완하기 위해 어떻게 할 것인지 구체적으로 기술하시오.

스스로 돌아보기

문항	매우우수	우수	노력요함
수업을 위해 다양한 자료를 찾아보았나요?			
수업에 적극적으로 참어했나요?			
요리를 보다 더 잘 할 수 있도록 노력하였나요?			
그렇게 생각한 이유			

실습 후 작품 사진	작품 설명

해파리냉채

凉泮海哲皮, Liang ban hai zhi pi

염장한 해파리를 물에 해감한 후 뜨거운 물에 데쳐 불린 후 오이채와 버무린 후 새콤달콤한 마늘소스에 곁들어
만들어 먹는 냉채요리

■ 요구사항

※ 주어진 재료를 사용하여 다음과 같이 해파리냉채를 만드시오.

가. 해파리에 염분을 없도록 하시오.

나. 오이는 0.2×6cm 채로 써시오.

■ 수검자 요구사항

1) 해파리는 끓는 물에 살짝 데친 후 사용하도록 한다.

2) 냉채에 소스가 침투되게 하도록 하고 냉채는 함께 섞어 버무려 담는다.

3) 조리 작품 만드는 순서는 틀리지 않게 하여야 한다.

4) 숙련된 기능으로 맛을 내야 하므로 조리 작업 시 음식의 맛을 보지 않는다.

5) 지정된 수험자 지참 준비물 이외의 조리기구나 재료를 시험장 내에 지참할 수 없다.

6) 지급 재료는 시험 전 확인하여 이상이 있을 경우 시험위원으로부터 조치를 받고 시험도 중에 재료의 교환 및 추가 지급은 하지 않는다.

7) 다음과 같은 경우에는 **채점 대상에서 제외한다.**

가) 시험 시간 내에 과제 두 가지를 제출하지 못한 경우 : 미완성

나) 시험 시간 내에 제출된 과제라도 다음과 같은 경우

(1) 문제의 요구사항대로 작품의 수량이 만들어지지 않은 경우 : 미완성

(2) 해당 과제의 지급 재료 이외의 재료를 사용한 경우 : 오작

(3) 구이를 찜으로 조리하는 등과 같이 조리 방법을 다르게 한 경우 : 오작

(4) 불을 사용하여 만든 조리 작품이 작품 특성에 벗어나는 정도로 타거나 익지 않은 경우 : 실격

(5) 가스레인지 화구 2개 이상 사용한 경우 : 실격

(6) 시험 중 시설ㆍ장비(칼, 가스레인지 등) 사용 시 감독위원 및 타 수험자의 시험 진 행에 위협이 될 것으로 감독위원 전원이 합의하여 판단한 경우 : 실격

8) 항목별 배점은 위생 상태 및 안전관리 5점, 조리기술 30점, 작품의 평가 15점이다.

■ 평가 (자기 평가/교수 평가)

분야	0~20	41~60	61~80	81~100	비고
안전	/	/	/	/	
위생	/	/	/	/	
조리기술	/	/	/	/	
작품평가	/	/	/	/	

Ingredient

해파리	150g
오이	1/2개
마늘	3쪽
식초	40ml
백설탕	15g
소금	7g
참기름	5ml

1 2

3

4

5

Mise en place

도구

칼, 도마, 채, 냄비, 개량스푼

식재료

1. 해파리는 씻은 다음 물에 담가두어 염분을 뺀다.
2. 마늘을 곱게 다진다.
3. 오이는 0.2×6cm로 채 썬다.

Method

1 해파리 손질
① 냄비에 해파리 데칠 물을 담아 불을 올린다.
② 해파리는 씻어서 물에 담가 염분을 뺀다.

2 오이 손질
오이는 소금으로 비벼 씻고 길이 6cm 폭 0.2cm로 채 썬다.

3 해파리 데치기
끓는 물은 불을 끄고 80~90℃가 될 때 해파리를 넣어 살짝 데친 후 찬물에 식초를 떨어뜨려서 부드럽게 불린다.

4 마늘소스 만들기
① 마늘을 곱게 다진다.
② 물 1Ts, 식초 1Ts, 설탕 1Ts, 참기름 약간 넣고 섞어서 마늘소스를 만든다.

5 해파리냉채 만들기
해파리 물기를 제거하고 오이채를 섞어 마늘소스 2/3를 넣고 버무린다.

6 소스 끼얹기
① 버무린 해파리 냉채를 접시에 담는다.
② 그 위에 남은 마늘소스 1/3을 끼얹는다.

해파리냉채[凉泮海哲皮]

Formal

1. 마늘소스 : 다진 마늘, 식초(1Ts), 설탕(1Ts), 물(1Ts), 참기름 약간
2. 해파리는 여러 번 물을 갈아주어서 염분을 뺀다.
3. 해파리는 너무 뜨거운 물에 데치면 심하게 오그라들고 질겨지며 잘 불어나지 않는다.

능력단위 요소	중식냉채조리 해파리냉채

진단영역	진 단 문 항	매우 미흡	미흡	보통	우수	매우 우수
냉채 준비하기	1. 나는 선택된 메뉴를 고려하여 냉채요리를 선정할 수 있다.	①	②	③	④	⑤
	2. 나는 냉채조리의 특성과 성격을 고려하여 재료를 선정할 수 있다.	①	②	③	④	⑤
	3. 나는 재료를 계절과 재료 수급 등 냉채요리 종류에 맞추어 손질할 수 있다.	①	②	③	④	⑤
기초 장식 만들기	1. 나는 요리에 따른 기초 장식을 선정할 수 있다.	①	②	③	④	⑤
	2. 나는 재료의 특성을 고려하여 기초 장식을 만들 수 있다.	①	②	③	④	⑤
	3. 나는 만들어진 기초 장식을 보관·관리할 수 있다.	①	②	③	④	⑤
냉채 조리하기	1. 나는 무침·데침·찌기·삶기·조림 등의 조리방법을 표준조리법에 따라 적용할 수 있다.	①	②	③	④	⑤
	2. 나는 해산물, 육류 및 가금류 등 냉채의 일부로서 사용되는 재료를 표준조리법에 따라 준비하여 조리할 수 있다.	①	②	③	④	⑤
	3. 나는 냉채 종류에 따른 적합한 소스를 선택하여 조리할 수 있다.	①	②	③	④	⑤
	4. 나는 숙성 및 발효가 필요한 소스를 조리할 수 있다.	①	②	③	④	⑤
냉채 완성하기	1. 나는 전체 식단의 양과 구성을 고려하여 제공하는 양을 조절할 수 있다.	①	②	③	④	⑤
	2. 나는 냉채 요리의 모양새와 제공 방법을 고려하여 접시를 선택할 수 있다 .	①	②	③	④	⑤
	3. 나는 숙성 시간과 온도, 선도를 고려하여 요리를 담아낼 수 있다.	①	②	③	④	⑤
	4. 나는 냉채 요리에 어울리는 기초 장식을 사용할 수 있다.	①	②	③	④	⑤

[진단 결과]

진단영역	문항 수	점 수	점수 ÷ 문항 수
냉채 준비하기	3		
냉채 기초장식 만들기	3		
냉채 조리하기	4		
냉채 완성하기	4		
합 계	14		

※ 자신의 점수를 문항 수로 나눈 값이 '3점'이하에 해당하는 영역은 업무를 성공적으로 수행하는데 요구되는 능력이 부족한 것으로 교육훈련이나 개인학습을 통한 개발이 필요함.

【자기 진단 평가표】

이 름		능력단위명	해파리냉채 조리
평가일자		201 년 월 일	

지난 주 수업 내용의 핵심 단어는?

학습 목표는?

수업을 통해 할 수 있게 된 조리기술은?

수업에서 부족했던 조리기술은?

부족했던 조리기술을 보완하기 위해 어떻게 할 것인지 구체적으로 기술하시오.

스스로 돌아보기

문항	매우우수	우수	노력요함
수업을 위해 다양한 자료를 찾아보았나요?			
수업에 적극적으로 참여했나요?			
요리를 보다 더 잘 할 수 있도록 노력하였나요?			
그렇게 생각한 이유			

실습 후 작품 사진	작품 설명

홍쇼두부

紅燒豆腐, Hong shao dou fu

홍쇼두부는 두부를 노릇하게 튀겨 간장으로 간과 색을 낸 후 각종 채소로 볶아 만든 요리이다.
홍쇼(紅燒)의 뜻은 간장을 졸여 걸쭉한 소스를 만들어 내는 조리용어이다. 현재는 굴소스(oyster sauce)가 들어간
요리에 자주 사용하고 있다.

■ 요구사항

※ 주어진 재료를 사용하여 홍쇼두부를 만드시오.

가. 두부는 사방 5cm, 두께 1cm 정도의 삼각형 크기로 써시오.

나. 두부는 하나씩 붙지 않게 잘 튀겨 내고 채소는 편으로 써시오.

■ 수검자 요구사항

1) 두부가 으깨어지지 않아야 한다.

2) 녹말가루 농도에 유의하여야 한다.

3) 조리 작품 만드는 순서는 틀리지 않게 하여야 한다.

4) 숙련된 기능으로 맛을 내야 하므로 조리 작업 시 음식의 맛을 보지 않는다.

5) 지정된 수험자 지참 준비물 이외의 조리기구나 재료를 시험장 내에 지참할 수 없다.

6) 지급 재료는 시험 전 확인하여 이상이 있을 경우 시험위원으로부터 조치를 받고 시험도 중에 재료의 교환 및 추가 지급은 하지 않는다.

7) 다음과 같은 경우에는 **채점 대상에서 제외한다.**

　가) 시험 시간 내에 과제 두 가지를 제출하지 못한 경우 : 미완성

　나) 시험 시간 내에 제출된 과제라도 다음과 같은 경우

　　(1) 문제의 요구사항대로 작품의 수량이 만들어지지 않은 경우 : 미완성

　　(2) 해당 과제의 지급 재료 이외의 재료를 사용한 경우 : 오작

　　(3) 구이를 찜으로 조리하는 등과 같이 조리 방법을 다르게 한 경우 : 오작

　　(4) 불을 사용하여 만든 조리 작품이 작품 특성에 벗어나는 정도로 타거나 익지 않은 경우 : 실격

　　(5) 가스레인지 화구 2개 이상 사용한 경우 : 실격

　　(6) 시험 중 시설 · 장비(칼, 가스레인지 등) 사용 시 감독위원 및 타 수험자의 시험 진행에 위협이 될 것으로 감독위원 전원이 합의하여 판단한 경우 : 실격

8) 항목별 배점은 위생 상태 및 안전관리 5점, 조리기술 30점, 작품의 평가 15점이다.

■ 평가 (자기 평가/교수 평가)

분야	0~20	41~60	61~80	81~100	비고
안전	/	/	/	/	
위생	/	/	/	/	
조리기술	/	/	/	/	
작품평가	/	/	/	/	

Ingredient

두부	150g	청주	5ml
돼지등심	50g	참기름	5ml
건표고버섯	2개	식용유	300ml
죽순	30g	청경채	1포기
마늘	3쪽	대파	1토막
생강	5g	홍고추(생)	1개
진간장	15ml	양송이	1개
육수 또는 물	100ml	달걀	1개
녹말가루(전분가루)	10g		

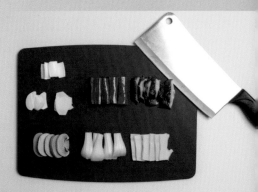

1 2
3 4

5 6 7

Mise en place

도구

칼, 도마, 채, 프라이팬, 계량스푼, 계량컵

식재료

1. 대파는 길이 3×1cm로 썰고 마늘, 생강은 0.2 두께로 편으로 썬다.
2. 두부 : 사방 5cm, 두께 1cm 삼각형으로 썬다.
3. 청경채, 홍고추, 죽순은 4×2cm 편으로 썬다.
4. 표고버섯은 기둥을 떼고 4×1cm 편으로 썬다.
5. 양송이는 0.3cm 두께로 편으로 썬다.
6. 돼지고기는 핏물을 닦고 3×3×0.2cm로 납작하게 썬다.

Method

1 물 올리기
① 냄비에 물을 담아 불에 올린다.
② 표고버섯은 따뜻한 물에 불리고 죽순은 석회질을 제거한다.

2 두부 손질
사방 5cm, 두께 1cm 삼각형 모양으로 썬 두부는 면보에 놓고 수분을 제거한다.

3 채소 손질
① 죽순, 청경채, 홍고추는 길이 4cm, 폭 2cm 편으로 썬다.
② 표고버섯은 기둥을 떼고 길이 4cm, 폭 1cm 편으로 썬다.
③ 양송이 두께 0.3cm 편으로 썬다.

4 돼지고기 손질하기
① 돼지고기는 가로세로 3cm, 두께 0.2cm 납작하게 편으로 썰어 양념한다.
② 물이 끓으면 청경채, 죽순, 양송이를 데친다.
③ 물 전분을 만든다.

5 두부 데치기/돼지고기 데치기
① 튀김냄비에 기름 온도가 오르면 두부를 넣고 앞뒤가 갈색이 나게 튀겨준다.
② 편으로 썬 돼지고기를 기름에 데친다.

6 홍쇼두부 만들기
① 팬에 기름을 두르고 대파, 마늘, 생강을 볶다가 청주, 간장을 넣은 후 돼지고기, 표고버섯, 양송이, 죽순, 홍고추를 빠르게 볶는다.
② 그 위에 물(1/2컵)을 붓고 간장으로 간을 한 후 물 전분으로 농도를 조절한다.
③ 튀긴 두부와 데친 청경채를 넣고 섞는다.
④ 완성된 홍쇼두부에 참기름을 넣고 완성 그릇에 담아낸다.

홍쇼두부[紅燒豆腐]

Formal

1. 물 전분 : 물(2) : 전분(1)
2. 두부는 으깨지지 않도록 주의하며 튀기기 전에 반드시 물기를 제거해야 한다.
3. 튀길 때 두부가 서로 붙지 않도록 주의한다.

능력단위 요소	중식 조림조리 홍쇼두부

진단영역	진 단 문 항	매우 미흡	미흡	보통	우수	매우 우수
조림 준비하기	1. 나는 조림의 특성을 고려하여 적합한 재료를 선정할 수 있다.	①	②	③	④	⑤
	2. 나는 각 재료를 조림의 종류에 맞게 준비할 수 있다.	①	②	③	④	⑤
	3. 나는 조림의 종류에 맞게 도구를 선택할 수 있다.	①	②	③	④	⑤
조림 조리하기	1. 나는 재료를 각 조림요리의 특성에 맞게 손질할 수 있다.	①	②	③	④	⑤
	2. 나는 손질한 재료를 기름에 익히거나 물에 데칠 수 있다.	①	②	③	④	⑤
	3. 나는 조림조리를 위해 화력을 강약으로 조절할 수 있다.	①	②	③	④	⑤
	4. 나는 조림에 따라 양념과 향신료를 사용할 수 있다.	①	②	③	④	⑤
	5. 나는 조림요리 특성에 따라 전분으로 농도를 조절하여 완성할 수 있다.	①	②	③	④	⑤
조림 완성하기	1. 나는 조림 요리의 종류에 따라 그릇을 선택할 수 있다.	①	②	③	④	⑤
	2. 나는 조림 요리에 어울리는 기초 장식을 할 수 있다.	①	②	③	④	⑤
	3. 나는 표준조리법에 따라 색깔, 맛, 향, 온도를 고려하여 조림요리를 담을 수 있다	①	②	③	④	⑤
	4. 나는 도구를 사용하여 적합한 크기로 요리를 잘라 제공할 수 있다.	①	②	③	④	⑤

[진단 결과]

진단영역	문항 수	점 수	점수 ÷ 문항 수
볶음 준비하기	3		
볶음 조리하기	4		
볶음 완성하기	3		
합 계	10		

※ 자신의 점수를 문항 수로 나눈 값이 '3점'이하에 해당하는 영역은 업무를 성공적으로 수행하는데 요구되는 능력이 부족한 것으로 교육훈련이나 개인학습을 통한 개발이 필요함.

【자기 진단 평가표】

이 름		능력단위명	홍쇼두부 조리
평가일자		201 년 월 일	

지난 주 수업 내용의 핵심 단어는?

학습 목표는?

수업을 통해 할 수 있게 된 조리기술은?

수업에서 부족했던 조리기술은?

부족했던 조리기술을 보완하기 위해 어떻게 할 것인지 구체적으로 기술하시오.

스스로 돌아보기

문항	매우우수	우수	노력요함
수업을 위해 다양한 자료를 찾아보았나요?			
수업에 적극적으로 참여했나요?			
요리를 보다 더 잘 할 수 있도록 노력하였나요?			
그렇게 생각한 이유			

실습 후 작품 사진	작품 설명

3

호텔 중식조리

Chef's Chinese Cuisine

게살삭스핀스프 蟹肉魚翅湯

게살삭스핀스프는 중국요리 스프 메뉴에서 가장 인기 있는 메뉴이다. 맑고 깊은 닭고기 육수에
게살과 삭스핀 넣어 달걀흰자를 풀어 맛갈스러운 게살의 맛과 삭스핀 식감을 느낄 수 있는 스프이다.

Mise en place

식재료

게살 20g
삭스핀 10g
달걀 1ea
전분 10g
참기름 약간
소금 5g
닭 육수 300ml
청주 1Ts
조미료 약간

Method

1 닭 육수 만들기
① 닭뼈를 깨끗이 세척한 후 물을 넣고 끓인다.
② 처음엔 센 불에서 끓인 후 약 불에서 장시간 끓여준다.
③ 완성된 닭 육수를 면보로 걸러서 기름기가 없는 맑은
　 육수를 만든다.

2 게살 손질하기
① 왕게 다릿살을 반으로 잘라서 안에 있는 힘줄과
　 이물질을 제거한다.
② 게살의 결 방향으로 찢어 놓는다.

3 삭스핀 손질
① 삭스핀을 깨끗한 물에 세척하여 이물질을 제거한다.
② 뜨거운 물에 살짝 데쳐 놓는다.

4 스프 만들기
① 팬에 기름을 두르고 청주를 넣고 향을 낸다.
② 준비된 닭 육수을 넣고 끓인다.
③ 게살과 삭스핀을 넣는다.
④ 소금, 후추, 조미료로 맛을 낸다.

4 완성하기
① 물 전분으로 농도를 맞춘다.
② 달걀흰자를 넣어 골고루 퍼지게 한다.
③ 파기름과 참기름을 한 방울 넣어 향과 맛이 나도록
　 한다.
④ 볼에 담는다.

게살삭스핀스프[蟹肉魚翅湯]

TIP

1. 물 전분 비율 : 물(2) : 전분(1)
2. 게살삭스핀스프를 만들 때 식용유 대신 파기름을 사용하면 향과 맛이 좋아진다.

궁보계정 宮保鷄丁

닭고기를 한입 크기로 잘라 기름에 바삭하게 튀겨 땅콩, 셀러리, 요과를 넣어 버무린 요리로 닭고기의 담백함과
땅콩의 고소함이 조화가 되어 남녀노소 모두 좋아하는 요리이다.

Mise en place

식재료

닭다리 200g
셀러리 1/2대
땅콩 20알
달걀 1ea
청, 홍 피망 1ea
마늘 10g
생강 5g
대파 10g
청주 1Ts
간장 1Ts
굴소스 1ts
설탕 1Ts
고추기름 1Ts

Method

1 채소 손질

① 셀러리는 섬유질을 제거하고 가로 2cm, 세로 3cm 마름모 형태로 자른다.
② 청피망, 홍피망은 셀러리와 같은 크기로 자른다.
③ 마늘, 생강, 대파는 다진다.

2 닭 손질

① 닭다리살의 기름 부분을 제거하고 2×2cm로 자른다.
② 간장으로 밑간을 한다.

3 닭 튀기기

① 불린 전분에 달걀을 넣고 튀김옷을 만든다.
② 손질한 닭을 튀김 반죽에 넣고 버무린다.
③ 기름에 넣고 튀긴다.

4 궁보계정 만들기

① 프라이팬에 고추기름을 두르고 파, 마늘, 생강을 넣어 살짝 볶는다.
② 청주, 간장으로 향을 낸 후 채소를 넣고 볶는다.
③ 약간의 육수를 넣고 굴소스, 소금, 후주로 간을 한다.

5 궁보계정 완성하기

① 튀긴 닭다리살을 프라이팬에 넣는다.
② 살짝 조려준다.
③ 마른 땅콩이나 요과를 넣는다.
④ 참기름으로 마무리한다.

6 담기

완성된 궁보계정을 그릇에 담는다.

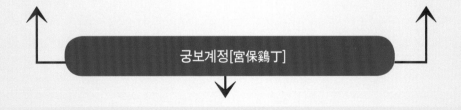

궁보계정[宮保鷄丁]

TIP

1. 닭고기는 한 번만 튀겨 사용한다.
2. 땅콩 대용으로 요과를 사용할 수 있다.
3. 마른 고추를 사용하면 깔끔한 맛을 낼 수 있다.

깐풍새우 乾烹中蝦

중 새우를 껍질을 벗긴 후 튀김옷을 입혀 기름에 튀겨 매콤달콤한 깐풍소스에 버무린 요리이다.
깐풍[干烹]은 육수나 국물이 없게 마르게 볶는다는 조리용어로 주로 볶음요리에 많이 사용한다.

Mise en place

식재료

중 새우 12마리
풋고추 1ea
홍고추 1ea
대파 10g
마른 고추 1ea
물 전분
달걀 1ea
다진 마늘 10g
다진 생강 5g
식용유
청주 1Ts
참기름 1ts
간장 1Ts
굴소스 1ts
식초 1Ts
설탕 1Ts
물
후춧가루 5g

Method

1 새우 손질

① 중 새우는 등쪽을 갈라 내장을 제거한다.
② 물기를 제거하고 물 전분과 달걀으로 반죽하여 튀
   김옷을 만든다.
③ 새우와 준비된 튀김옷을 버무려 튀긴다.

2 채소 손질

① 마른 홍고추, 대파, 홍고추는 잘게 썰어 준비한다.
② 마늘, 생강은 곱게 다진다.

3 깐풍소스 만들기

① 팬에 고추기름을 두르고 마늘, 생강, 대파를 두르고
   볶는다.
② 간장과 청주를 넣고 향을 낸다.
③ 육수에 설탕, 식초, 후춧가루, 홍고추, 마른 홍고추를
   넣고 끓인다.

4 깐풍새우 완성하기

① 깐풍소스에 튀겨진 새우를 넣고 버무린다.
② 소스가 새우에 스며들도록 조려준다.
③ 참기름으로 마무리한다.

5 담기

접시에 새우와 소스가 골고루 섞이도록 담는다.

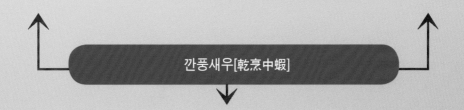

깐풍새우[乾烹中蝦]

TIP

1. 깐풍소스 : 간장(1Ts), 식초(1Ts), 청주(1Ts), 설탕(1Ts), 물(1Ts)
2. 깐풍의 뜻은 국물이 없이 마르게 볶은 음식을 뜻한다

달걀탕 鷄蛋湯, Ji dan tang

담백한 돼지고기 육수에 해삼, 죽순, 표고버섯을 넣어 끓인 후 달걀을 풀어 달걀꽃을 만들어 먹는 국 종류이다.
육수에 달걀을 풀어서 시원하며 속을 풀어주는 해장요리이다.

Mise en place

도구

칼, 도마, 냄비, 나무젓가락, 계량컵, 계량스푼

식재료

1. 죽순은 석회질을 제거하여 씻어 4cm 길이로 채 썬다.
2. 대파, 표고버섯은 4cm 정도의 채로 썬다.
3. 팽이버섯은 밑둥을 자르고 하나씩 떼어둔다.
4. 해삼은 세척 후 포을 뜬 다음 길이 4cm 두께 0.2cm 정도로 채 썬다.
5. 돼지고기는 핏물을 제거하고 4×0.2cm 두께로 채 썬다.

Method

1 채소 손질

① 팽이버섯은 밑둥을 자르고 하나씩 떼어 준비한다.
② 표고버섯, 죽순은 길이 4cm 정도로 채를 썬다.
③ 대파는 2cm 정도 채를 썬다.

2 해산물 손질

① 새우는 내장을 제거하고 큰 새우일 경우에는 반으로 잘라 준비한다.
② 해삼은 세척 후 포를 뜬 다음 길이 4cm, 두께 0.2cm 정도로 채 썬다.

3 물 전분, 달걀물 준비

① 달걀은 깨뜨려 그릇에 담고 소금을 넣고 풀어준다.
② 물과 전분을 2 : 1로 혼합해서 물 전분을 만든다.

4 돼지고기 손질

돼지고기는 핏물을 제거하고 길이 4cm, 두께 0.2cm로 채 썬다.

5 달걀탕 만들기

① 냄비에 물을 두 컵 붓고 돼지고기를 넣고 끓인다.
② 끓어 오르면 거품을 제거하고 간장, 소금, 흰 후추, 청주를 넣는다.
③ 죽순, 표고버섯, 팽이버섯, 대파를 넣고 끓인다.
④ 끓으면 거품을 제거하고, 물 전분으로 농도를 맞춘다.
⑤ 달걀을 풀어 넣는다.

6 담기

참기름으로 마무리하고 그릇에 담는다.

달걀탕[鷄蛋湯]

Formal

1. 물 전분 : 물(2) : 전분(1)로 섞어서 농도를 낼 때 사용한다.
2. 달걀탕의 국물은 혼탁하지 않고 투명해야 한다.(달걀탕은 육수가 끓을 때 풀어둔 달걀물을 넣는다.)
3. 거품을 깨끗이 제거해야 국물이 맑다.
4. 달걀이 덩어리지지 않도록 풀어가며 넣는다.

두치장어 豆枝鰻魚

두치[豆枝]는 검정콩을 쪄서 소금으로 발효시킨 것을 마늘과 파기름으로 볶아 만든 소스로 우리나라 청국장 같은 맛과 향이 난다. 장어는 기름에 튀겨 두치소스로 버무린다. 장어의 기름지고 느끼한 맛을 두치소스의 토속적인 맛이 조화가 되어 장어요리의 백미이다.

Mise en place

식재료

장어 150g
양파 30g
대파 5g
홍고추 10g
생강 5g
청피망 10g
두치소스 15g
간장 1Ts
설탕 1ts
굴소스 1ts
고추기름 2Ts
물 전분
청주 1Ts
참기름 1ts

Method

1 장어 손질

① 장어는 비늘을 제거하고 등쪽을 갈라서 뼈를 제거
   하고 가로 3cm 정도로 자른다.
② 장어를 마른 전분에 묻혀 180도의 기름에 두 번 튀
   긴다.

2 채소 손질

① 양파, 대파, 홍고추, 청피망을 0.3cm 정도로 다진다.
② 마늘, 생강은 다진다.

3 두치소스 만들기

① 팬에 고추기름을 두르고 마늘, 생강, 대파를 넣어
   볶는다.
② 간장과 청주로 향을 낸 후 두치소스를 넣어 볶는다.
③ 육수를 붓고 굴소스, 청주, 설탕으로 간을 한다.

4 두치장어 만들기

① 만들어진 소스에 튀겨진 장어를 넣고 살짝 조린다.
② 물 전분으로 농도를 조절한다.
③ 참기름으로 마무리한다.

5 담기

① 그린비타민이나 청경채를 살짝 데쳐서 볶은 후
   접시에 깐다.
② 그 위에 만들어진 두치장어를 올린다.
③ 대파 흰 부분과 생강 채를 고명으로 얹는다.

두치장어[豆枝鰻魚]

TIP

1. 장어의 비늘을 잘 제거해야 특유의 장어 냄새가 나지 않는다.
2. 장어요리에는 생강 채를 곁들여 나가면 맛이 풍부해진다.
3. 두치소스 : 닭육수(200cc), 두치(15g), 설탕(1Ts), 물 전분

물만두
水餃子, Shui jiao zi

만두는 중국음식 중 가장 서민적이며 긴 역사를 자랑하는 음식으로 정월 초하루에 물만두를 빚어 먹으면 재물과 건강을 가질 수 있다 해서 먹는 명절음식으로 은자(銀悆 : 중국 화폐) 모양을 하고 있다.
물만두는 영양 가치면에서도 탄수화물과 단백질 비타민 등 골고루 잘 배합한 건강 장수 요리이다.

Mise en place

도구

칼, 도마, 채, 냄비, 나무젓가락, 밀대, 계량컵

식재료

1. 밀가루를 체에 내려 밀기울 등 불순물을 제거한다.
2. 돼지고기는 핏물 제거 후 곱게 다진다.
3. 부추는 0.3cm 정도로 썬다.
4. 생강, 마늘은 다진다.

Method

1 만두피 반죽
① 밀가루에 찬물과 소금을 넣고 반죽을 한 후 비닐에 싸서 숙성시킨다.
② 밀가루는 반죽용과 덧가루로 나누어 사용한다.

2 채소 손질
① 대파, 생강은 곱게 다진다.
② 부추는 길이 0.3cm 정도로 썬다.

3 돼지고기 손질
돼지고기는 핏물을 제거 후 곱게 다진다.

4 만두소 만들기
다진 고기에 대파, 생강, 청주, 소금, 후추, 참기름을 넣고 나무젓가락으로 점성이 생길 때까지 치대어 준 후, 부추를 넣어 만두소를 만든다.

5 만두 만들기
① 숙성한 밀가루 반죽을 가래떡처럼 만들어 일정한 크기로 자른다.
② 밀대로 직경 6cm, 두께 0.1cm 정도로 만두피를 만든다.
③ 만두피에 준비된 만두소를 넣고 양쪽 손을 이용하여 만두 중앙이 볼록하게 만든다.

6 만두 삶기
① 냄비에 물 2컵을 붓고 끓인다.
② 뜨거운 물에 만든 만두를 넣고 끓어 오르면 찬물을 부어가며 만두 소 까지 익힌다. (처음에는 센 불에서 끓어 오르면 중불에서 끓인다.)
③ 익은 만두를 건져 그릇에 담고 만두가 반 잠길 정도의 국물을 자작하게 담는다.

물만두[水餃子]

Formal
1. 만두피 만들기 : 밀가루(1컵)+찬물(4Ts)+소금 간하기
2. 물만두 8개를 만들어 제출해야 한다

북경오리 北京拷鴨

북경요리를 대표하는 요리로 화려하면서 호화로운 요리이다. 중국 북경을 방문하면 꼭 한 번은 먹어야 하는 음식으로 오리 한 마리를 통째로 양념한 후 건조하여 장작불에 구워 껍질을 밀절병에 싸서 먹는 북경오리, 북경오리살은 채소와 볶아 오리고추잡채로 나오고 뼈는 탕으로 만들어 나온다. 북경오리 한 마리를 주문하면 채소볶음과 오리탕을 맛볼 수 있다

Mise en place

식재료

오리 한 마리
대파 1ea
생강, 마늘 2ea
물엿 3Ts
레몬 1ea
밀전병 10장
오이 1ea
고량주 1Btl
해선장 3Ts
물

Method

1 오리 손질

① 통오리는 내장과 안쪽의 지방을 제거하여 깨끗이 씻고 안쪽의 공기를 불어넣어 껍질과 살을 분리하도록 한다.
② 양쪽 날개의 끝을 제거하고 겨드랑이 부위에 쇠고리를 걸어서 물기를 뺀다.
③ 계피, 오향분, 소금을 섞어 오리에 밑간을 한다.

2 오리 데치기

팬에 물, 물엿, 고량주, 대파, 생강, 레몬을 넣고 끓인 후 오리를 쇠고챙이에 걸어 끓는 물이 오리껍질에 골고루 배이도록 반복해서 끼얹어 준다.

3 오리 훈제하기

건조한 오리를 180도 오븐에 15분 동안 노릇하게 구워낸다.

4 오리 튀기기

① 훈제한 오리를 기름에 튀겨낸다.
② 튀겨낸 오리를 껍질과 살로 분리하여 접시에 담는다.

5 밀전병 준비하기

① 밀전병을 찜통에 찐다.
② 오이와 대파는 채를 썬다.
③ 오리장을 찜통에 찐다.

6 북경오리 밀전병 만들기

① 밀전병에 오리장을 바르고 오이와 대파 채를 올린다.
② 오리껍질과 오리살을 그 위에 놓는다.

북경오리[北京拷鴨]

TIP

1. 물(600ml), 물엿(100ml), 고량주(1병), 식초(100ml), 레몬(1ea)을 넣고 끓여 오리에 끼얹어주면 오리의 냄새를 줄일 수 있다.
2. 오리 꽁지 부분은 반드시 제거해야 오리의 날냄새를 제거할 수 있다.
3. 오리 튀길 때 낮은 온도에서 10분 정도 튀겨 껍질이 바삭하게 한다.

불도장 佛跳墙

불도장은 상해 지방에서 오랫동안 전수해서 내려오는 건강 요리로 구하기 힘든 진귀한 재료를 첨가하여 장시간 동안 쪄서 만든 수프의 일종이다. 중식의 콘소메 수프라고 생각하면 된다. 불도장은 여러 가지 조리 과정을 통해 만든 재료를 항아리에 담아 찜통에 쪄서 만든 요리로 '그 맛과 향기가 매우 뛰어나 이 맛을 한 번 보면 도를 닦는 불가의 승려도 담을 넘어와서 먹을 것이다.' 라는 뜻으로 불도장(佛導牆)이라는 이름으로 불리게 되었다.

Mise en place

식재료

송이버섯 1ea
해삼 50g
전복 1ea
오골계 20g
마른 관자 1ea
삭스핀 10g
인삼 5g
생선 부레 5g
노루 힘줄 5g
소 안심 5g
대파 5g
생강 1ea
간장 2Ts
소흥주 1Btl

불도장[佛跳墙]

Method

1 육수 만들기

① 오골계, 닭뼈, 소 안심은 물에 담가 핏물을 제거하고 처음에는 센 불에서 끓이고 끓은 후에 약 불에서 천천히 육수를 만든다.
② 만들어진 육수를 면보에 걸러 맑고 깨끗한 육수를 만든다.

2 재료 손질

① 송이버섯은 편으로 썬다.
② 해삼, 전복, 오골계는 2×2cm 덩어리로 썬다.
③ 소 안심과 오골계는 육수에서 건져 한입 크기로 준비한다.
④ 대파, 생강은 편으로 썰어 준비한다.
⑤ 생선 부레, 노루 힘줄은 뜨거운 물에 불려 사용한다.

3 그릇에 담기

불도장 그릇에 준비한 재료를 담는다.

4 육수 만들기

① 프라이팬에 만들어진 육수를 붓고 끓인다.
② 간장, 소금, 소흥주를 넣고 끓인다.
③ 노두유로 색깔을 맞춘다.
④ 재료가 담긴 불도장 그릇에 육수를 붓는다.

5 불도장 찌기

① 완성된 불도장에 대파, 생강을 넣고 뚜껑을 닫는다.
② 스팀 박스에 약 2시간 정도 찐다.

6 불도장 완성하기

① 찜통에서 꺼내 생강과 대파를 꺼낸다.
② 밀봉하여 보관한다.

TIP

1. 중국 광동성 지방에서 내려오는 보약음식으로 진귀한 재료에 소고기 안심과 노계로 만든 육수에 소흥주를 가미하여 찜통에 쪄서 맛과 향이 뛰어난 요리이다.
2. 너무 오래 조리하면 육수가 탁해짐으로 주의해서 조리해야 한다.
3. 불도장 육수 : 육수(400cc), 간장(2Ts), 소흥주(2Ts), 굴소스(1Ts), 노두유소스 약간

사천식 통해삼 四川海蔘

일반적으로 사천이라는 이름이 들어가는 요리는 맵고 짯맛이 강한 요리에 많이 사용한다.
사천해삼은 불린 해삼에 매운 고추와 두반장을 가미하여 해삼의 맛과 영양을 최대한 느낄 수 있는 요리이다.

Mise en place

식재료

불린 해삼 1마리(70g)
양파 50g
죽순 50g
마늘 5g
생강 5g
대파 10g
두반장 10g
소금 1ts
간장 1Ts
고추기름 2Ts
참기름 2ts
물 전분
설탕 1ts

Method

1 채소 손질

① 죽순, 양파는 가로세로 0.3cm로 다진다.
② 대파은 송송 썰어 놓는다.
③ 마늘, 생강은 곱게 다진다.

2 해삼 손질

① 불린 해삼을 깨끗한 물에 세척한다.
② 해삼 속의 내장을 한 번 더 제거한 후 세척한다.
③ 육수에 소금 간을 한 후 해삼에 간이 배이도록 담가
둔다.

3 사천식 통해삼 만들기

① 팬에 고추기름을 두르고 파, 마늘, 생강, 두반장을
넣어 볶는다.
② 간장으로 향을 낸 후 청주와 굴소스를 넣어 볶는다.
③ 다진 소고기를 넣고 익힌다.
④ 채소를 넣어 볶다가 육수를 붓는다.
⑤ 통해삼을 넣고 끓인다.

6 완성하기

① 해삼에 간이 배개 한 후 물 전분으로 농도를 맞춘다.
② 참기름으로 마무리한다.

사천해삼(四川海蔘)

TIP

1. 불린 해삼에 간이 잘 배이도록 최소한 10분 정도는 육수에 담가둔다.
2. 해삼에 물이 나오지 않도록 물 전분으로 농도를 잡아준다.
3. 소스 : 닭육수(200cc), 고추기름(2Ts), 두반장(10g), 설탕(1ts), 물 전분

새우완자탕

蝦丸子湯, xia wan zi tang

신선한 새우살을 다져서 양념해 완자를 만들어서 육수에 넣어 익힌 후 채소와 함께 끓여 먹는 스프이다.
시원한 새우 육수와 구수한 새우살이 입맛을 살려주는 애피타이저 스프요리이다.

Mise en place

도구

칼, 도마, 냄비, 계량컵, 계량스푼, 나무젓가락

식재료

1. 새우는 내장을 제거하고 씻어 물기를 뺀다.
2. 청경채는 3×3cm 크기의 편으로 썬다.
3. 죽순 : 석회질을 제거하고 빗살무늬를 살려
   3cm 크기의 편으로 썬다.
4. 양송이는 0.3cm 두께, 3cm 크기의 편으로
   썬다.
5. 생강, 대파는 1cm 정도로 편으로 썬다.

Method

1 물 끓이기
① 냄비에 물을 담아 불에 올린다.
② 죽순은 석회질을 제거한다.

2 채소 손질
① 청경채, 죽순, 양송이는 3cm 정도의 편으로 썬다.
② 죽순은 3cm 정도로 편으로 썬다.
③ 양송이는 두께 3cm 정도로 편으로 썬다.
④ 대파, 생강은 1cm 정도로 편으로 썬다.

3 새우 손질
① 새우는 머리와 내장을 제거한 후 물에 세척한 다음
   물기를 닦고 곱게 다진다.
② 다진 새우살에 달걀흰자, 녹말가루를 넣고 반죽을
   한다.
③ 반죽한 새우살을 지름 2cm 정도의 완자를 만든다.

4 완자 익히기
① 냄비에 물 2컵을 끓인다.
② 끓는 물에 새우 완자를 넣고 끓인다.
③ 끓이는 도중 거품을 제거하여 국물을 맑게 한다.

5 간하고 채소 넣기
① 육수에 데쳐낸 청경채, 양송이, 죽순을 넣고 끓인다.
② 청주, 간장, 소금, 후춧가루를 넣고 간을 한다.

6 담기
완성된 새우완자탕에 참기름을 한 방울 넣고 그릇에 담
는다.

새우완자탕[蝦丸子湯]

Formal

1. 완자 : 다진 새우살, 달걀흰자, 전분, 소금, 후추를 잘 치대어 부드럽고 잘 엉기게 한다.
2. 새우살 반죽을 손에 쥐고 엄지와 집게손가락 사이로 동그랗게 짜내어 수저로 하나씩 떼어서 육수에 삶아
   익힌다. 완자의 크기는 지름 2cm로 만든다. 완자를 6개 만든다.
3. 죽순, 양송이, 청경채는 끓는 물에 데쳐 찬물에 행궈서 사용한다.

생선찜 活靑蒸魚

우리가 생선을 먹는 방법으로 회로 먹거나 기름에 튀겨 먹거나 하지만 생선의 본래의 맛을 음미하기 위해서는 생선을 쪄서 먹어 보면 생선의 본연의 맛을 제대로 느낄 수 있다. 생선을 쪄서 먹는 방법이 유행한 시기는 청나라 시대이며 지금도 생선을 쪄서 요리하는 메뉴에는 청증(靑蒸)이라는 단어가 표기되어 있다

Mise en place

식재료

활 생선(우럭) 1마리
홍고추 10g
대파 10g
생강 10g
고수 10g
간장 2Ts
육수 400cc
파기름 1Ts
소금 약간
조미료 약간
설탕 1Ts

Method

1 채소 손질
① 대파는 5cm 길이로 썰어 준비한다.
② 고수는 깨끗이 손질한 후 길이 3cm 정도로 썬다.
③ 홍고추는 씨를 제거한 후 길이 5cm 정도로 썬다.

2 생선 손질
① 생선을 비늘을 벗겨 아가미를 제거한다.
② 나무젓가락을 이용하여 내장을 제거한다.
③ 생선 등에 칼집을 넣어 그릇에 담는다.
④ 청주, 소금으로 밑간을 한 후 찜통에 10분 정도 찐다.

3 생선소스 만들기
① 팬에 육수를 붓고 간장, 생강, 대파, 설탕, 조미료,
   고수뿌리을 넣어 끓인다.
② 생선소스에서 생강, 고수뿌리를 제거한다.

4 완성하기
① 쪄진 생선의 물기를 제거하고 생선 위에 파 채를
   올린다.
② 팬에 파기름을 넣고 온도를 올려 파 위에 뿌린다.
③ 만들어진 생선소스를 생선 위에 붓는다.

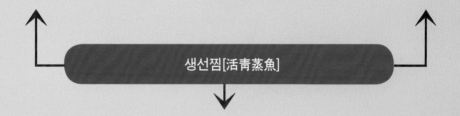

생선찜[活靑蒸魚]

TIP
1. 활 생선을 오래 찌면 살이 퍽퍽하고 맛이 떨어지므로 10분 정도만 쪄야 한다.
2. 고수의 향이 짙고 이국적이어서 따로 그릇에 담아 나가도 된다.
3. 소스 : 닭 육수(400cc), 간장(2Ts), 설탕(1Ts), 조미료(1ts), 노두유 소스

송이우육 松茸牛肉

자연산 송이는 버섯 가운데 맛과 향이 으뜸이다. 송이버섯은 모두 자연 야생에서만 생산되는 관계로 가격이 비싸고 귀한 버섯이다. 우리나라에서는 장마가 끝나는 8월 말에서 시작하여 10월 초까지 소나무가 무성한 깊은 산에서 생산되고 있다. 영양 성분은 다양한 아미노산과 비타민이 풍부하며 특히 노약자의 건강 회복에 탁월하다. 송이버섯는 요리에 다양하게 사용하며, 자연 그대로 생식이 가능하고 숯불에 구워 먹는 맛은 송이버섯을 음미할 수 있는 제일 좋은 방법이다.

Mise en place

식재료

소고기 등심 150g
송이버섯 150g
청경채 1ea
달걀 1ea
마늘 2ea
대파 10g
생강 5g
굴소스 1Ts
간장 1Ts
청주 1Ts
후춧가루 약간
노두유 약간
참기름 1ts
물 전분 50g

Method

1 채소 손질

① 청경채는 길이 4cm 정도 썰어 놓는다.
② 대파, 생강, 마늘은 편으로 썰어 준비한다.
③ 송이버섯은 편으로 썰어 준비한다.

2 소고기 손질

① 소고기는 납작하게 편으로 썰어 청주, 전분, 달걀흰자, 간장으로 밑간을 한다.
② 밑간한 소고기를 기름에 데친다.

3 볶기

① 프라이팬에 파기름을 두르고 마늘, 생강, 대파를 넣어 볶는다.
② 간장, 청주를 넣고 향을 낸 후 육수를 넣고 끓인다.
③ 청경채와 소고기를 넣고 끓인다.
④ 굴소스, 노두유, 간장, 소금으로 간을 맞춘다.

4 송이우육 완성하기

① 물 전분으로 농도를 조절한다.
② 참기름으로 마무리한다.

5 담기

청경채, 송이버섯, 소고기가 잘 배합되도록 담는다.

송이우육(松茸牛肉)

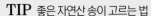

TIP 좋은 자연산 송이 고르는 법

소스 : 닭육수(200cc), 굴소스(1Ts), 간장(1Ts), 파기름(1Ts), 물 전분

〈좋은 자연산 송이 고르는 법〉
1. 송이에 갓이 피지 않고 줄기가 두툼하며 향이 깊은 것이 좋다.
2. 송이가 생산되는 시기는 8월 말부터 10월 초까지이다.

엑스오(XO)소스게살볶음밥 XO蟹肉秒飯

xo소스는 마른 관자를 물에 불려 마른 새우, 돼지고기햄으로 볶아 만든 소스로 최고의 맛과 정성이 들어간 소스이다. 중국 사람들이 좋아하는 볶음밥에 부드러운 게살과 xo소스를 넣어 만든 볶음밥은 기름진 볶음밥에 맵고 달콤한 xo소스가 들어가 느끼하거나 질리지 않고 깔끔한 맛이 난다.

식재료

XO소스 2Ts
밥 한공기
게살 20g
달걀 2ea
대파 10g
소금 약간
참기름 1Ts

1 채소 손질
대파는 깨끗이 씻어 잘게 썬다.

2 게살 손질
게살은 속뼈를 제거한 후 잘게 썬다.

3 볶기
팬에 식용유를 두르고 뜨거운 불에 달걀을 먼저 볶은
다음 밥을 넣고 볶는다.

4 XO소스게살볶음밥 완성하기
① 대파와 게살, XO소스, 소금을 넣고 먼저 볶은 밥을
    넣고 1분 정도 더 볶는다.
② 완성된 밥에 참기름을 넣고 마무리한다.
③ 그릇에 담는다.

XO소스게살볶음밥[XO蟹肉秒飯]

TIP

볶음밥용 밥을 할 때는 물을 약간 적게 붓고 식용유 1Ts를 첨가해서 밥을 하면 밥알이 서로 붙지 않고 탱글탱글
한 볶음밥을 만들 수 있다. 중식당 볶음밥은 달걀을 먼저 프라이팬에 넣고 볶은 후 밥을 넣어서 센 불에서 조리하
는 것이 맛있는 볶음밥을 만드는 방법을 사용한다.

오룡해삼 烏龍海參

불린 해삼에 새우살을 다져 마른 전분을 묻힌 후 기름에 튀겨 채소와 고추기름, 두반장, 굴소스를 넣어 만든 소스에 버무린 오룡
해삼은 겉은 바삭하고 해삼 속살은 부드러운 맛이 으뜸인 요리이다.
튀겨낸 모양과 색이 검다고 해서 까마귀 오(烏)를 써서 오룡해삼이다.

Mise en place

식재료

| 재료 |
해삼 2마리
죽순 10g
표고버섯 10g
새우 5마리
청, 홍 피망 20g
홍고추 1ea
은행 5ea
닭 육수 약간

| 조미료 |
후추
간장 1Ts
전분
고추기름 2Ts
참기름 등 각각 약간

Method

1 채소 손질
① 표고버섯, 죽순, 청피망 홍피망은 채로 썰어 준비한다.
② 대파, 마늘, 생강은 채로 썰어 준비한다.

2 해삼 손질
불린 해삼을 뜨거운 물에 데쳐 해삼 안쪽의 수분을 제거하고 마른 전분을 골고루 묻혀준다.

3 새우 손질
① 새우의 내장을 제거하고 곱게 다진다.
② 새우살의 청주, 생강, 소금, 간장, 전분, 달걀을 넣어 간을 한다.
③ 해삼 속에 새우를 집어넣는다.

4 해삼 튀기기
① 속을 채운 해삼을 길이 3cm 정도의 크기로 자른다.
② 자른 해삼을 마른 전분을 입혀 동그랗게 형태를 만든다.
③ 뜨거운 기름에 해삼을 튀긴다.
④ 바삭하게 2차로 튀긴다.

5 오룡해삼 만들기
① 팬에 고추기름을 두르고 파, 마늘, 생강을 넣어 볶은 후 간장, 청주로 향을 내고 채소를 볶는다.
② 닭 육수를 붓고 굴소스, 후추로 간을 낸 후 튀겨낸 해삼을 넣고 버무린다.
③ 전분으로 농도를 맞춘다.
④ 참기름으로 마무리한다.

6 담기
접시에 해삼과 채소가 골고루 배합되도록 담는다.

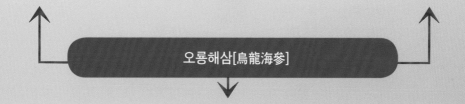

오룡해삼[烏龍海參]

TIP

1. 해삼에 전분을 골고루 잘 묻혀야 해삼과 새우가 분리되지 않는다.
2. 바삭하게 튀겨지도록 중 불(160도)에서 7분 정도 튀겨준다.
3. 소스 : 닭육수(200cc), 고추기름(2Ts), 굴소스(1Ts), 조미료(1ts), 물 전분

왕새우칠리소스 幹燒大蝦

대하의 몸통 부분에 껍질을 제거하여 전분과 달걀로 만든 튀김옷으로 기름에 튀겨 마늘, 대파, 홍고추, 토마토케첩으로 만든 칠리소스를 버무린 새우요리이다. 칠리의 뜻은 세계 모든 나라에서 가장 선호하는 소스로 맵고 달고 신맛이 나는 소스를 총칭한다.

Mise en place

식재료

대하 2마리(100g)
대파 10g
달걀 1ea
마늘 10g
생강 5g
케첩 2Ts
두반장 2ts
설탕 2Ts
고추기름 2Ts

Method

1 새우 손질
새우는 등쪽의 내장을 제거한 후 물기를 제거한다.

2 채소 손질
① 대파는 송송 썰어 준비한다.
② 마늘, 생강은 곱게 다진다.

3 새우 튀기기
① 불린 전분에 달걀을 넣고 튀김옷을 만든다.
② 물기를 제거한 대하 위에 튀김옷을 골고루 묻힌다.
③ 기름 160도에 튀겨준다.
④ 바삭하게 하기 위해 한 번 더 튀겨준다.

3 칠리소스 만들기
① 팬에 고추기름을 두르고 대파, 마늘, 생강을 넣고
   볶는다.
② 두반장과 케첩을 넣어 ①과 함께 볶는다.
③ 육수를 그 위에 붓는다.
④ 설탕과 소금으로 간을 한 후 물 전분으로 농도를 맞
   춘다.

4 칠리새우 완성하기
① 튀겨 놓은 새우를 접시에 담는다.
② 만들어진 소스를 새우 위에 끼얹는다.

왕새우칠리소스[幹燒大蝦]

TIP

1. 대하를 튀길 때 구부러진 모양이 나오지 않도록 대나무 꽂이를 등쪽에 꽂아 튀긴다.
2. 소스 : 물(200cc), 두반장(2Ts), 설탕(2Ts), 고추기름(2Ts), 토마토케첩(2Ts), 물 전분

전가복 全家福

전가복(全家福)은 '가족 모두가 행복하다'는 뜻이 담긴 요리이다. 전가복에는 그 시대의 산해진미를 대표하는 재료로 만든 요리로 시대에 따라 귀한 재료가 바뀌가며 맛은 그대로 전수되고 있다. 맛과 영양이 풍부한 전가복을 먹으면 가족이 행복해지고 건강이 회복됐다는 요리이다.

Mise en place

식재료

표고버섯 10g
양송이 10g
청경채 10g
죽순 10g
송이버섯 10g
아스파라거스 10g
불린 해삼 20g
은행 5ea
새우 10g
갑오징어 20g
소라 20g
피조개살 5g
마늘 5g
생강 5g
대파 5g
굴소스 1Ts
청주 1Ts
파기름 2Ts
간장 1Ts
소금 약간
후춧가루 약간
참기름 약간

Method

1 채소 손질
① 표고버섯, 양송이, 죽순, 청경채는 길이 4cm 정도
   의 편으로 썬다.
② 아스파라거스는 껍질을 벗긴 후 4cm 정도로 어슷
   썰기를 한다.
③ 송이버섯은 얇게 편으로 뜬다.

2 해산물 손질
① 갑오징어는 대각선으로 칼집을 넣어 4cm 정도의
   편으로 썬다.
② 불린 해삼은 얇게 편을 뜬다.
③ 소라는 얇게 편을 뜬다.
④ 관자는 칼집을 넣고 얇게 편을 뜬다.

3 채소와 해물 데치기
① 준비된 채소는 뜨거운 물에 데친다.
② 손질한 해물은 뜨거운 기름에 데친다.

4 전가복 만들기
① 프라이팬에 기름을 두르고 마늘, 생강, 대파를 넣어
   볶는다.
② 간장과 청주를 넣고 향을 낸 후 채소를 넣어 볶는다.
③ 육수를 붓고 끓인 후 해물을 넣고 다시 끓인다.
④ 물 전분으로 농도를 조절한다.
⑤ 참기름으로 마무리하고 그릇에 담는다.

5 전가복 완성하기
① 팬에 육수를 붓고 청주, 소금으로 간을 한 후 전복,
   관자, 아스파라거스, 송이버섯을 넣어 끓인다.
② 물 전분으로 농도를 맞춘다.
③ 전가복 위에 만들어진 소스를 붓는다.

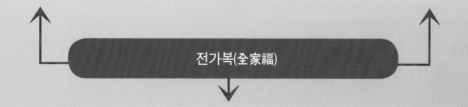

전가복(全家福)

TIP

1. 채소는 뜨거운 물에 데치는 것이 좋고, 해물은 기름에 데치는 것이 좋다.
2. 식용유 대신 고추기름으로 요리하면 향이 깊고 매콤하며 깔끔한 맛을 낼 수 있다.

증교자

蒸餃子, Shui jiao zi

우리 만두라고 하는 것은 만두소가 들어 가지 않는 하얀빵을 말하며, 증교자는 얇은 만두피에 고기와 야채를 다져
만두소가 들어가는 교자 만두를 말한다

Mise en place

도구

칼, 도마, 채, 냄비, 나무젓가락, 밀대

식재료

밀가루 100g(1cup)
돼지고기 50g
조선부추 30g
대파 10g
생강 5g
청주 조금
간장 조금
소금 조금
후추 조금
굴소스 조금
검은후추가루 조금

Method

1 만두피 반죽

① 냄비에 물을 담아 불에 올린다.
② 밀가루 1/2cup 체로 내린후 소금 약간을 넣고 뜨
   거운 물을 붓어 익반죽해서 만두피반죽을 한후
   위생비닐 봉투에 넣어 숙성시킨다.

2 야채 손질

1 부추. 대파. 물로 세척하고 생강은 껍질을 벗긴다
2 대파.생강은 곱게 다진다. 부추는 길이 0.3cm 정도
   로 썬다.

3 돼지고기 손질

다진돼지고기는 핏물을 제거 후 곱게 한번 더 다진다.

4 만두소 만들기

다진 고기에 대파. 생강. 청주. 소금. 후추. 참기름.
간장을 넣고 나무젓가락으로 점성이 생길 때 까지 잘
치대어 준 후, 부추를 넣고 만두소를 만든다.

5 만두 만들기

① 숙성한 밀가루 반죽을 가래떡처럼 만들어 일정한
   크기로 자른다. 밀대로 직경 7cm 두께 0.1cm 정
   도로 만두피를 만든다.
② 만두피에 준비된 만두소를 넣고 주름이 5개 이상
   되도록 주름을 잡아 가며 만두를 빚는다.

6 만두 찌기

① 찜기에 젖은 면보를 깔고 뚜껑을 덮고 물이 팔팔
   끓을때 만두를 넣어 만두를 찐다.
② 약 10정도 찐후 손에 찬물을 묻혀 가며 만두를 꺼
   낸다.
③ 접시에 찐 만두6개를 담아 완성한다.

증교자[蒸餃子]

Formal

만두피 만들기

만두피가 찢어지지 않게 하기 위해서는 만두반죽을 할때 손으로 많이 쳐되어 주어야 반죽에 점성이 생겨 만두피가
찢어 지지 않는다.
모두 찔 때 찜기에 물이 팔팔 끓을때 만두를 넣고 쪄야 만두피가 잘 익는다

짜장면 炸醬麵

한국의 중국음식 중 가장 대중적이며 전 국민 식사 대용 음식이다. 인천의 동화춘에서 처음 만들기 시작한 짜장면은 처음에는 양파로 만든 것이 아니라 대파를 굵게 썰어 춘장이라는 노란 된장으로 만들었지만 지금은 양파와 캐러멜이 들어간 춘장에 만들어지고 있다.

Mise en place

식재료

중화면 300g(1ea)
춘장 60g
돼지고기 50g
새우 20g
불린 해삼 10g
양파 100g
호박 20g
대파 10g
물 전분
간장 1Ts
청주 1Ts
참기름 2ts

Method

1 춘장 볶기
① 코팅된 팬에 춘장과 같은 양의 식용유를 넣는다.
② 뜨거워지면 춘장을 넣어 타지 않게 저어주면서
　 볶는다.

2 내용물 손질
① 양파는 사각 모양으로 썬다.
② 살코기와 새우, 불린 해삼도 같은 모양으로 썰어
　 놓는다.

3 고기, 해물 익히기
고기와 해물은 180도의 기름으로 익혀 놓는다.

4 짜장소스 만들기
① 팬에 기름을 두르고 대파를 넣고 간장, 청주로 향을
　 낸다.
② 양파와 호박을 넣어 볶다가 조미료와 설탕으로 간을
　 한다.
③ 고기와 해물을 넣어 춘장으로 색깔을 맞추고 볶는다.
④ 육수를 넣고 다진 마늘을 넣고 끓으면 물 전분으로 농
　 도를 맞춘다.
⑤ 참기름과 파기름을 뿌린다.

5 면 삶기
① 중화면을 끓는 물에 삶아 찬물로 깨끗이 씻어낸다.
② 다시 뜨거운 물로 데친다.

6 담기
① 뜨거운 물에 데친 중화면을 그릇에 담는다.
② 그 위에 짜장소스를 놓는다.

짜장면(炸醬麵)

TIP

짜장소스의 맛은 춘장의 초벌 볶기에 좌우함으로 춘장 볶을 때 불의 세기와 시간을 고려하여 볶는다.
춘장을 너무 안 볶으면 춘장의 날냄새가 나고 너무 많이 볶으면 춘장에서 쓴맛이 난다.

짜춘권

炸春捲, zha chun juan

짜춘권은 넓게 만든 달걀지단에 채소와 고기를 볶아 말아서 기름에 튀겨 만든 요리로 중국 관동성 딤섬음식이다.

Mise en place

도구

칼, 도마, 튀김냄비, 나무젓가락, 프라이팬

식재료

1. 대파와 생강은 2cm 길이로 채를 썬다.
2. 부추는 길이 4cm 정도 썰고 부추의 흰 부분과 파란 부분을 나누어 둔다
3. 표고버섯, 죽순, 양파는 길이 4cm 정도 채를 썬다
4. 새우는 내장을 제거하고 껍질을 벗겨 반으로 자른다
5. 해삼은 세척한 다음 얇게 포를 떠서 길이 4cm 정도로 채 썬다
6. 돼지고기는 핏물을 제거하여 고기 결 방향대로 4cm 길이로 채를 썬다
7. 달걀을 깨뜨려 소금을 넣고 푼 후 전분을 넣고 섞어준다.
8. 밀가루 풀을 만든다.

짜춘권[炸春捲]

→

Formal

1. 속 재료 : 부추, 양파, 표고버섯, 새우살, 해삼, 돼지고기, 죽순, 대파, 생강+간장, 청주, 후추, 소금
2. 달걀 지단 : 달걀 2개, 소금, 물 전분 (코팅한 팬 사용하기!)
3. 밀가루 풀 : 물(1) : 밀가루(1)
4. 춘권의 길이는 3cm 정도로 썰어 8개 제출한다

Method

1 물 올리기

① 냄비에 물을 붓고 불에 올린다. 표고버섯은 따뜻한 물에 불린다.
② 죽순은 석회질을 제거하고 물에 세척한다.

2 채소 손질

① 부추는 길이 4cm 정도 길이로 썬다.
② 표고버섯, 죽순, 양파는 4cm 정도 길이로 채를 썬다.
③ 대파와 생강은 2cm 정도 채를 썬다.

3 돼지고기 손질

① 돼지고기는 핏물을 제거한 후 고기 결 방향으로 4cm 길이로 채를 썬다.
② 돼지고기에 간장, 소금, 청주, 후추를 넣고 밑간을 한다.
③ 밑간한 돼지고기를 기름을 두른 팬에 서로 달라붙지 않게 익힌다.

4 해산물 손질

① 새우는 내장을 제거하고 껍질을 벗겨 길이로 반으로 자른다.
② 해삼은 세척한 후 얇게 포를 떠서 길이 4cm 정도로 채를 썬다.
③ 뜨거운 물에 손질한 새우와 해삼을 데쳐낸다.

5 달걀 지단 만들기/춘권소 만들기

① 달걀, 소금,전분을 넣고 나무젓가락으로 풀어준다.
② 섞은 달걀물을 채에 걸러 코팅한 팬에 달걀 지단을 만들어 식힌다.
③ 팬에 기름을 두르고 대파, 생강을 넣고 볶다가 간장, 청주를 넣고 볶다 → 양파, 죽순 부추 흰 부분을 볶는다.
④ 소금과 후추로 양념한 다음 새우, 해삼, 부추 파란 부분, 돼지고기를 센 불로 볶는다.
⑤ 참기름을 넣어 마무리한다.

6 춘권 만들기

① 김발에 달걀 지단을 깔고 볶은 소를 올린 후 양 끝을 접어 김밥 형태로 말아준다.
② 지단 끝부분을 밀가루 풀로 발라 붙여준다.
③ 프라이팬에 기름을 넉넉하게 붓고 준비한 춘권을 노릇노릇하게 튀겨준다.
④ 춘권을 돌려가며 색깔이 고르게 나오도록 한다.
⑤ 튀긴 춘권을 식힌 후 길이 3cm 정도로 썰어 접시에 담는다 .

탕수우육 糖醋牛肉

일반적으로 탕수육하면 돼지고기로 만든 것을 말한다. 탕수우육은 돼지고기 대신 소고기를 이용하여 만든 탕수육으로 부드럽고 고소함이 최고이다. 소고기의 핏물을 완전히 제거해야 소고기의 누린 냄새와 튀김 고기가 검게 변하는 것을 예방할 수 있다.

Mise en place

식재료

소고기 150g
당근 30g
파인애플 50g
노란 파프리카 10g
빨간 파프리카 10g
목이버섯 2ea
오이 50g
대파 10g
생강 5g
달걀 1ea
청주 1Ts
간장 1Ts
물 전분
식용유 30g
물 200cc
설탕 3Ts
식초 2Ts
참기름

Method

1 물 끓이기/튀김용 전분 만들기

① 냄비에 물을 붓고 끓인다.
② 전분과 물을 같은 비율로 섞어서 튀김용 전분을 만든다.

2 채소 손질

① 오이, 당근, 파인애플, 양파는 4×3cm 크기의 편으로 썬다.
② 대파, 생강은 주재료 채소보다 작게 2×2cm 크기로 편으로 썬다.
③ 목이버섯은 따뜻한 물에 불린 후 손으로 한입 크기로 뜯어 놓는다.

3 소고기 손질/튀기기

① 소고기는 핏물을 제거한 후 4×3cm 크기로 자른 후 청주, 간장으로 밑간을 한 다음 물 전분과 달걀을 넣고 반죽한다.
② 튀김 냄비에 기름을 붓고 160도가 되면 반죽한 소고기를 1차로 튀겨낸다.
③ 1차로 튀겨진 소고기를 꺼낸 후 2차로 180도가 되면 한 번 더 튀겨낸다.

4 탕수우육소스 만들기

① 팬에 기름을 두르고 생강, 대파를 넣어 볶은 후 간장으로 색을 내고 설탕, 식초를 넣고 끓인다.
② 끓인 후 준비된 채소를 넣고 전분으로 농도를 조절한다.

5 소스와 탕수우육고기 버무리기

소스가 만들어지면 튀겨진 탕수우육 고기와 소스가 잘 혼합되도록 저어준다.

6 담기

탕수우육이 완성되면 그릇에 보기 좋게 담는다.

탕수우육[糖醋牛肉]

TIP

1. **탕수우육 소스** : 물(200g), 설탕(3Ts), 식초(2Ts), 간장(1Ts)
2. 소고기로 탕수우육을 할 때는 고기의 핏물을 완전히 제거해야 검게 변하지 않는다.

팔진탕면 八珍湯麵

팔진(八鎭)이란 원래 여덟 가지 진귀한 재료(원숭이골, 곰발바닥, 낙타혹)가 들어간 요리로 표현하지만, 여기에 사용한 팔진이란
뜻은 맛을 부각시키기 위해 표현한 메뉴로 맛이 농후하면서 시원한 탕면을 맛볼 수 있다.

Mise en place

식재료

청경채 10g
죽순 10g
표고버섯 10g
브로콜리 10g
청피망 5g
홍피망 5g
영콘 5g
오징어 20g
해삼 20g
새우 3마리
소라 20g
. 홍합살 10g
관자 20g

Method

1 채소 손질
① 표고버섯, 죽순은 가로세로 2×3cm 길이로 편으로 썬다.
② 청피망, 홍피망도 같이 편으로 썬다.
③ 브로콜리, 영콘은 한입 크기로 썰어 준비한다.

2 해물 손질
① 오징어는 껍질을 벗긴 후 가로세로 3×2cm 길이로 편으로 썬다.
② 해삼은 편으로 뜬다.
③ 새우는 등쪽에 칼집을 내서 내장을 제거한다.
④ 소라는 얇게 편을 뜬다.
⑤ 홍합살은 이물질을 제거하여 깨끗한 물에 씻는다.

3 면 삶기
① 중화면을 뜨거운 물에 삶는다.
② 찬물로 행군다.
③ 뜨거운 물에 다시 데쳐 그릇에 담는다.

4 탕면 만들기
① 팬에 기름을 두르고 마늘, 생강, 대파를 넣고 볶는다.
② 간장과 청주로 향을 낸 후 채소와 해물을 넣고 볶는다.
③ 육수를 넣는다.
④ 소금, 간장, 후추로 간을 한다.
⑤ 물 전분으로 농도를 조절한다.

5 탕면 완성하기
① 볶은 해물과 채소를 면에 올린다.
② 팬에 육수를 붓고 간장과 굴소스로 간을 한다.
③ 면그릇에 육수를 부어 마무리한다.

6 고명 얹기
대파를 송송 썰어 팔진탕면 위에 올린다

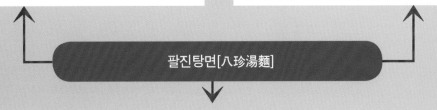

팔진탕면[八珍湯麵]

TIP
1. 팔진탕면 육수는 맑고 깨끗하게 만든다.
2. 해물과 채소는 한 번 뜨거운 물에 데쳐 사용하면 깔끔한 맛을 낼 수 있다.

해물누룽지탕 鍋把三仙

해물과 채소로 볶아 닭고기 육수를 붓고 굴소스를 가미한 해물탕과 찰쌀로 만든 누룽지탕을 튀겨 해물탕과 곁들여 먹는 요리로 해물탕의 깊은 맛과 누룽지의 구수한 맛이 어울린 산해진미의 모든 맛을 느낄 수 있다.
누룽지를 튀길 때는 높은 온도의 기름에서 튀겨야 한다. 낮은 온도에서는 누룽지가 부풀지 않고 바삭거리지 않는다

Mise en place

식재료

죽순 10g
청경채 5g
표고버섯 10g
오징어 20g
해삼 20g
새우 4마리
마늘 10g
생강 5g
대파 5g
굴소스 2Ts
소금 약간
조미료 약간
후추 약간
물 전분 50g
참기름 1ts
고추기름 2Ts
누룽지 4ea
간장 1Ts
청주 2Ts

Method

1 채소 손질

① 표고버섯, 죽순, 청경채는 4×2cm 편으로 썰어 준비
　　한다.
② 브로콜리, 청피망, 홍피망은 한입 크기로 자른다.
③ 마늘, 생강, 대파는 다진다.

2 해물 손질

① 오징어는 껍질을 벗긴 후 편으로 썬다.
② 해삼은 얇게 편으로 썬다.
③ 새우는 내장을 제거하고 물에 세척하여 준비한다.
④ 소라는 얇게 편으로 뜬다.

3 볶기

① 채소와 해물을 뜨거운 물에 한 번 데친다.
② 프라이팬에 고추기름을 두른다.
③ 파, 마늘, 생강을 넣고 볶는다.
④ 간장과 청주로 향을 낸다.
⑤ 해물과 채소를 넣어 볶는다.

4 해물 누룽지탕 완성하기

① 육수를 붓고 끓인다.
② 굴소스와 소금과 후추와 약간의 조미료를 첨가하여
　　간을 맞춘다.
③ 물 전분으로 농도를 조절한다.
④ 참기름으로 마무리한다.

5 누룽지 튀기기

① 누룽지를 기름 온도 200도에서 튀겨준다.
② 누룽지를 그릇에 담는다.
③ 누룽지 위에 해물탕을 부어 담는다.

해물누룽지탕[鍋把三仙]

TIP

1. 누룽지탕의 육수를 넉넉하게 부어 누룽지에 스며들게 한다.
2. 누룽지를 튀길 때 높은 온도에 튀겨야 바삭하고 모양이 크게 불어난다.
3. 양념 : 닭육수(500cc), 고추기름(2Ts), 굴소스(2Ts), 간장(1Ts), 소금 약간, 조미료(2ts), 물 전분

해물짬뽕 海鮮炒碼麵

짜장면과 함께 중국음식의 대표적인 식사 짬뽕. 채소와 각종 해물이 매운 국물에 우러나와 시원하고 얼큰한 맛을 낸다. 시원한 맛을 내기 위해서는 해산물을 많이 사용해서 육수를 만들고, 구수한 맛은 내기 위해서는 돼지고기나 소고기를 육수에 사용하면 원하는 맛을 낼 수 있다. 호텔에서는 해물 육수와 고기 육수를 혼합하여 사용하고 있다.

Mise en place

식재료

중 새우 2마리
불린 해삼 20g
오징어살 10g
소라 10g
홍합 5g
가리비 2ea
청경채 10g
죽순 10g
표고버섯 10g
새송이버섯 1ea
느타리버섯 10g
청피망 5g
홍피망 5g
부추 5g
고추기름 2Ts
두반장 1Ts
대파 5g
마늘 5g
생강 5g
소금 약간
후춧가루 약간
참기름 약간
조미료 약간

Method

1 해산물 손질

① 새우는 머리와 껍질을 제거하고 몸살과 꼬리만 준비한다.
② 불린 해삼, 오징어살, 소라는 3cm 편으로 썬다.
③ 홍합은 껍질을 벗기고 가리비는 반으로 가른다.

2 채소 손질

① 청경채, 죽순, 표고버섯, 새송이버섯은 편으로 썰어 준비한다.
② 대파는 편으로 썰고, 마늘과 생강은 다진다.

3 국물 만들기

① 팬에 고추기름을 두르고 마늘, 생강, 대파를 넣고 볶는다.
② 청주와 두부장을 넣고 볶는다.
③ 채소를 넣어 볶은 후 육수를 부어 끓인다.
④ 해산물을 넣어 끓인 후 소금, 후춧가루, 조미료를 넣어 간을 맞춘다.

4 중화면 삶기

① 중화면을 뜨거운 물에 삶는다.
② 삶은 면을 차가운 물에 헹군 후 뜨거운 물에 데쳐 그릇에 담는다.

6 짬뽕 완성하기

중화면 위에 짬뽕 국물을 담는다.

해물짬뽕[海鮮炒碼麵]

TIP

1. 중화면 만들기 : 밀가루 10kg에 면 파우더 150g, 소금 70g을 물에 희석하여 반죽을 한 후 30분 정도 숙성시켜 사용한다.
2. 마른 고추를 짬뽕에 사용하면 얼큰한 맛을 낼 수 있다.

해삼전복 海參鮑魚

남성을 상징하는 해삼과 여성을 상징하는 전복이 어우러진 해삼전복은 음식의 궁합이 으뜸인 요리이다. 해삼전복은 스테미너 회복과 자양간장 요리로 중식당에서 인기 메뉴이다. 전복은 뜨거운 물에 삶아서 내장을 제거한 후 큼직하게 썰어 사용한다.

Mise en place

식재료

불린 해삼 200g
전복 100g
청경채 1ea
대파 5g
생강 5g
청주 5g
간장 1Ts
굴소스 1Ts
노두유 약간
육수 100cc
후춧가루 약간
물 전분 50g
참기름 1ts

Method

1 해삼/전복 손질
① 해삼은 길이 5cm 정도의 편으로 썰어 준비한다.
② 전복은 삶아서 얇게 포를 뜬다.

2 채소 손질
① 청경채는 4cm 정도로 썰어 뜨거운 물에 데친다.
② 대파, 생강, 마늘은 얇게 편으로 썬다.

3 해삼/전복 볶기
① 팬에 파기름을 두르고 마늘, 생강, 대파를 볶는다.
② 간장과 청주를 넣어 향을 낸다.
③ 데친 해삼과 정경채를 넣어 볶는다.
④ 육수를 부어 자작하게 끓인다.

4 해삼/전복 완성하기
① 데친 전복을 넣고 끓인다.
② 굴소스, 후춧가루로 간을 맞춘 후 물 전분으로 농도를 맞춘다.
③ 참기름으로 마무리한다.

5 담기
완성된 해삼/전복을 그릇에 담는다.

해삼전복[海參鮑魚]

TIP

1. 해삼요리에 물기가 생기지 않기 위해서는 불린 해삼을 뜨거운 물에 약 3분 정도 데쳐서 사용하면 된다.
2. 전복은 조리 시간이 길면 질겨지고 수축되므로 빠른 시간 안에 요리를 마쳐야 한다.
3. 소스 : 닭육수(200cc), 굴소스(1Ts), 간장(1Ts), 조미료(1ts), 노두유소스 약간, 물 전분

홍쇼삭스핀 紅燒魚翅

홍쇼(弘燒)란 간장을 오랫동안 조려 향기 깊고 농후한 맛이 나는 요리에 붙이는 단어인데 요즈음은 굴소스가 들어간 갈색소스를 총칭하여 사용하고 있다. 삭스핀은 상어의 지느러미를 가공하여 만든 식재료로 자양강정 식품으로 스테미너 강화와 원기회복 요리로 유명하다. 상어는 전 세계에 100여 종으로 식용이 가능한 상어는 10종류뿐이다.

Mise en place

식재료

삭스핀 200g
숙주 50g
청경채 1ea
청주 1Ts
굴소스 2Ts
파기름 2Ts
육수 200cc
노두유 약간
참기름 1Ts

Method

1 삭스핀 찌기
삭스핀을 대파, 생강, 청주를 넣고 20분간 찐다.

2 채소 손질
① 청경채는 겉잎을 제거하고 깨끗한 물에 씻어 준비한다.
② 숙주는 머리와 뿌리를 제거한다.
③ 브로콜리는 한입 크기로 한다.
④ 팬에 기름을 두르고 숙주와 청경채, 브로콜리를 살짝 볶는다.

3 삭스핀 소스 만들기
① 팬에 파기름을 두르고 간장과 청주를 넣고 향을 낸다.
② 육수를 붓고 굴소스, 소금, 간장으로 간을 한다.
③ 물 전분으로 농도를 맞춘다.
④ 참기름으로 마무리한다.

4 삭스핀 담기
① 그릇에 물기를 제거한 삭스핀을 담는다.
② 그 위에 만들어진 홍쇼소스를 끼얹는다.

홍쇼삭스핀[紅燒魚翅]

TIP

1. 소스 : 닭육수(200cc), 굴소스(2Ts), 파기름(2Ts), 간장(1Ts), 노두유소스 약간, 참기름(1Ts), 물 전분
2. 삭스핀의 비린 맛을 제거하기 위해 생강, 대파, 고량주를 넣어 찜통에서 약 10분 정도 쪄서 사용한다.
   삭스핀의 주성분은 콜라겐으로 인체의 근육과 관절 형성에 도움을 주는 식재료로 중국에서는 귀한 잔칫상에 꼭 들어가는 음식이다.

활바닷가재 活龍蝦

중국요리에서는 바닷가재를 용하(龍蝦)라 해서 바닷가재 머리 부분이 마치 용처럼 생겼다 해서 용하라고 부르고 있다. 바닷가재를 최고의 식재료로 호주산과 미주산이 수입되며 호주산이 살이 많고 부드럽고 바닷가재의 제맛을 볼 수 있다. 바닷가재는 모든 소스에 잘 어울리며 중식의 XO소스, 두치소스에 잘 조화를 이룬다

Mise en place

식재료

활 바닷가재 1마리(100g)
양파 20g
홍고추 2ea
노란 파프리카 1ea
피망 1ea
고수 1뿌리
마늘 10g
생강 5g
대파 5g
고추기름 2Ts
XO소스 2Ts
후춧가루 약간
물 전분
육수 100cc
참기름 1Ts

Method

1 바닷가재 손질

① 활 바닷가재를 끓은 물에 살짝 데친다.
② 몸통과 머리 부분을 자르고 머리 부분을 손질한다.
③ 모통은 반으로 자르고 내장을 제거한 후 한입 크기
  로 자른다.
④ 집게발은 반으로 잘라 살이 드러나게 한다.

2 바닷가재 튀기기

① 손질한 바닷가재를 물기를 제거하고 마른 전분을
  입힌다.
② 뜨거운 기름에 마른 전분을 입힌 바닷가재를 튀겨낸다.

3 채소 손질

① 양파는 길이 4cm 정도로 어슷 썬다.
② 홍고추와 파프리카, 피망은 씨를 제거한 후 양파와
  같은 크기로 썬다.
③ 마늘, 생강, 대파는 편으로 썬다.

4 바닷가재 볶기

① 팬에 고추기름을 두르고 파, 마늘, 생강을 먼저 볶는다.
② 간장, 청주를 넣고 향을 낸다.
③ 채소를 넣고 볶는다.
④ 육수를 붓고 끓인 후 XO소스를 넣고 끓인다.
⑤ 튀겨진 바닷가재를 넣고 조려준다.

5 완성하기

① 물 전분으로 농도를 조절한다.
② 참기름으로 마무리하여 그릇에 담는다.
③ 고명으로 파 채와 고수을 올려준다.

활바닷가재[活龍蝦]

TIP

1. 활 바닷가재를 뜨거운 물에 살짝 데쳐 사용하면 껍질과 살이 잘 분리된다.
2. 바닷가재를 기름에 튀길 땐 고온(200도)에서 약 1분 정도만 튀겨야 살이 질겨지지 않는다.
3. 닭육수(100cc), XO소스(2Ts), 고추기름(2Ts), 조미료(1ts), 설탕(2Ts), 물 전분

■ 참고문헌

이종필 외, 《Chef's 서양조리 Ⅰ 양식조리기능사》, 드림포트, 2014
추적생 · 강권근 · 최귀열 외, 《창업을 위한 중국요리》, 지구출판사, 2011
여경옥 · 정순영 · 복혜자 외, 《고급호텔 중국요리》, 백산출판사, 2014
안치언 · 복혜자, 《창업 중국요리》, 백산출판사, 2012
김지웅 · 이무형 · 류유헌 외, 《초보자를 위한 중국요리 입문》, 백산출판사, 2013
롯데호텔 조리 메뉴얼
한국산업인력관리공단

■ 저자소개

김영신, 부천대학교 호텔외식조리과 교수
김진영, 서울현대전문학교 호텔조리계열 교수
오승우, 신성대학교 호텔조리제빵계열 교수

■ 사진작가

정성원, 경희예술종합학교
이예지, 경희예술종합학교

| 국가직무능력표준(NCS)에 따른 |

일류 셰프의 중식조리

2023년 2월 21일   1판 1쇄 인 쇄
2023년 2월 28일   1판 1쇄 발 행

지 은 이 : 김영신 · 김진영 · 오승우
펴 낸 이 : 박 정 태

펴 낸 곳 : **광 문 각**

10881
경기도 파주시 파주출판문화도시 광인사길 161
광문각빌딩
등   록 : 1991. 5. 31 제12 - 484호
전 화(代) : 031-955-8787
팩   스 : 031-955-3730
E - mail : kwangmk7@hanmail.net
홈페이지 : www.kwangmoonkag.co.kr

ISBN : 978-89-7093-105-0   93590

값 : 27,000원

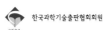
한국과학기술출판협회회원
KSPA